Yellow River Civilization and Sustainable Development

黄河文明与可持续发展

第 15 辑

河南大学出版社
·郑州·

图书在版编目(CIP)数据

黄河文明与可持续发展　第 15 辑/苗长虹主编. —郑州:河南大学出版社,2020.7
ISBN 978-7-5649-4374-5

Ⅰ.①黄…　Ⅱ.①苗…　Ⅲ.①黄河流域－文化史－丛刊 ②黄河流域－可持续性发展－丛刊　Ⅳ.①K292－55 ②X22－55

中国版本图书馆 CIP 数据核字(2020)第 123547 号

责任编辑　胡玲霞
责任校对　屈琳玉
封面设计　郭　灿

出　版	河南大学出版社			
	地址:郑州市郑东新区商务外环中华大厦 2401 号		邮编:450046	
	电话:0371－86059701(营销部)		网址:www.hupress.com	
排　版	郑州市今日文教印制有限公司			
印　刷	开封日报社印务中心			
版　次	2020 年 7 月第 1 版		印　次	2020 年 7 月第 1 次印刷
开　本	787mm×1092mm　1/16		印　张	10.75
字　数	261 千字		印　数	1－1500 册
定　价	30.00 元			

(本书如有印装质量问题,请与河南大学出版社营销部联系调换)

编委会

顾　问：(按姓氏笔画排序)
　　　　马润潮(美)　王　巍　王震中　冯骥才
　　　　吉尾宽(日)　孙九林　李伯谦　陆大道
　　　　陈栋生　傅伯杰　戴福士(美)

委　员：(按姓氏笔画排序)
　　　　王蕴智　牛建强　方创琳　石敏俊　刘彦随
　　　　刘海旺　许学工　孙一飞(美)　李小建
　　　　李玉洁　李振宏　张大新　张云鹏　张新斌
　　　　杨云彦　杨伟聪(新加坡)　杨朝明　侯甬坚
　　　　秦耀辰　耿明斋　晁福林　康保成　程民生
　　　　樊　杰　戴松成　魏也华(美)　魏后凯

主　编：苗长虹
副主编：侯卫东
编辑部主任：吴朋飞
编　辑：门　艺　郜冬萍　喻忠磊　方伟伟
主　办：教育部人文社会科学重点研究基地河南大学黄河文明
　　　　与可持续发展研究中心
　　　　中国地理学会黄河分会

目 录

专论
论商周时代的宗祧制度 ·· 赵　林（1）

历史文化研究
明代后期河南士绅与地方教化——以归德府沈鲤的文雅社为中心
·· 牛建强　朱莉敏（41）
河南博爱县月山八极拳简论 ·· 魏美智（59）

古文字研究
出土文献所见秦、汉律对家庭伦常的规范 ·· 林文庆（72）
南阳市出土商周有铭铜器的初步整理 ·· 王蕴智　李丹凤（84）
干支数位与公元纪年的干支推算 ·· 涂白奎（96）
甲骨文同版异体现象再梳理 ·· 赵　伟（101）
单叔奂父盨"穛"字补说 ·· 张新俊（115）

民俗文化研究
关于"地下二千石" ·· 黄景春（123）
论岁时节令与古代戏曲表演中的色彩选择 ·· 杨　蕾（132）
台湾敬字惜纸文化的现况调查——五甲协善心德堂（五甲关帝庙）台湾最盛大的"送字纸"活动 ·· 施顺生（141）
民俗学田野研究的思考——由开封朱仙镇木版年画行业术语谈起
·· 邵卉芳　郭泰运（154）

专家访谈
国际一流学术平台与"黄河文明"特色学科群建设访谈 ·· 闵祥鹏（162）

专 论

论商周时代的宗祧制度

赵 林

摘要：宗祧制度主要是有关于先秦时代王公贵族暨卿士世家为祖先设置祭祀场所，含宗、庙、祧、坛、墠等在数量及规格上的限制，且涉及祖先的昭穆和亲族后嗣亲疏的次第等事项。在传世的文献中，有关先秦时代的宗祧制度大多散见于儒家子弟的著作，特别是《礼记》；在出土的文物中亦存有许多与先秦宗祧制度相关的资料。在下文中，作者拟对宗、祧、庙这三个字的造字本义先予考证，再进入宗祧制度的讨论——含厘清四、五、七庙制各说的内涵，检验其历史真实性，查考其成说的部件和时代，探讨商周两代宗祧制的因革等议题，并在结语中对各项发现作一综述。

关键词：宗；祧；昭穆高祖；始祖

作者简介：赵林（1944— ），男，生于重庆，祖籍浙江诸暨，台湾中国文化大学中文研究所教授。

一、宗、祧、庙三字的词义

宗、祧、庙三字并见于传世先秦经籍，在出土文物中，宗字最早见著于商代的甲骨文，庙则最早见著于周金文，而祧字则既未见于商周甲金文，似亦未见于出土的战国文字。

现在先说"宗"的造字本义。甲骨文中的"宗"是一个象形字，象"示（神主）"在"宀（屋）"中，宗显然是庙的象形字。按，"宗"字所从的"示"与"主"本为一字，例如《史记·殷本纪》所载商先公"主壬""主癸"二人之名，在商卜辞中乃作"示壬""示癸"。示字在商代甲骨文中作T、T、T（《表》1137）。何琳仪曾依据战国文字和汉石经，论证主字从示分化出来的过程为:卜→示→示→示①。何说可从。其实"示"字有可能本为石质之神主的象形。古人的神主不仅有安置在家庙之上者,尚有随行携带以便在外地随时祭拜者。1991年安阳后岗出土的柄形饰,其上有朱书之祖庚、祖甲、祖丙、父辛、父癸、父☐之名。(如图一:1—6)刘钊考证它们符合神主所具有的特征,并认为最早的示字(如图一:8—13)本为石主之象形。② 刘说可从,这类的石主当系商贵族离家出行或出征时随身携带的神主。不过特别要在此指出的是:在商代甲骨文中,示字除了用表祖先的神主,亦可表各类神祇的神主,如雍示、门示、农示、☐示。③

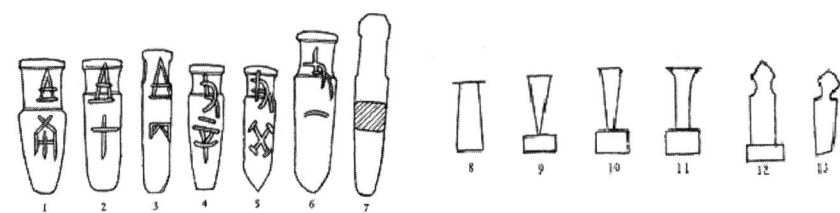

图一

现在来看"庙"字,《说文》曰:"庙,尊先祖貌也,从广朝声。庿,古文。"庙是一个形声字,"广"为形符象屋宇,"朝"为声符,而古文"庿"之音符"苗"发音与现代"庙"字完全相同。庙在周金文中,字或从"广/宀""中""日/口""中""水/巛"(如图二:1—5),与《说文》所记从"从广朝声"的朝字有别。(楷书朝之"月"旁当即周金文"水/巛"之讹)战国《中山王壶》铭文中的庙字则从广从苗(如图二:6),与《说文》所记庙之古文恰合。由此可见,庙自始就是一个形声字,并无象形的寓意。庙字的词义自周金文以来并未发生什么变化。

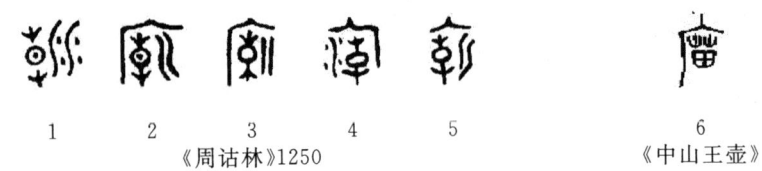

| 1 | 2 | 3 | 4 | 5 | 6 |

《周诂林》1250　　　　　　　　　　《中山王壶》

图二

庙字与宗字义同,庙即宗,宗即庙。宗字且与庙字结合成"宗庙"一词,见于先秦文献,用来表示王公贵族安置及祭拜祖先神主的建筑。唯宗字在庙字出现以后,又衍生了"嗣系"这一义。

"嗣系"其实是宗的引申义。由于出自同一祖先的子子孙孙会到供奉此一祖先的宗(庙)去祭此一祖先,所以一个宗便象征一嗣系——出自同一祖先的各个世代的子子孙孙。在这一个嗣系(宗)中的后代子子孙孙,由于又有了自己的后代子子孙孙,且可以从这个嗣系(宗)中,分支出去一个个较小的嗣系(宗),于是宗有了大、小之别,规范宗的大小及其分

---

① 何琳仪:《战国文字通论订补》,江苏教育出版社,2003,第309页。
② 刘钊:《安阳后岗殷墓所出"柄形饰"用途考》,《考古》1995年第7期,第623—625页。上图1—7之柄形饰及8—11的示字乃复印自此文。
③ 赵林:《殷契释亲:论商代的亲属称谓及亲属组织制度》,上海古籍出版社,2011,第72页。

支的原则便称为"宗法"。

在宗庙一词形成之后,宗表本义(庙)的用例较为少见,但不是没有,如在《左传·成公三年》之"其请于寡君而以戮于宗"一句中的宗仍表庙。唯庙虽本与宗同义,但不能如宗又表嗣系。

现在来看"祧"字。到目前为止,出土的先秦文本中似皆未见"祧"字。作者以为传世文献中所见的"祧"字当系"示"和"兆"的会意字,而"祧"字的造字本义应从此一角度去解读。祧的示旁,其字已有说在前。关于"兆"字,目前发现的最早记录是在战国竹简上,作"![]"(《新郑》39),其后汉简作"![]"(《汗简》上一1.6),二形皆从"止""止"及"水"。古文字学家何琳仪再引据西周金文从"女""止""止""水"作"![]"的"姚"字(《集成》2679),指出先秦时代之"涉"与"兆"乃一字之分化。① 何说精审可从。

商甲骨文中有涉字作"![]"(《于诂林》802),从"止""止"及"水",唯其"水"尚见水点,较"兆"字所从之水更接近象形。涉/兆字所从之"止""止"乃脚掌或脚印的象形,涉/兆字的词义乃自此象形之造字原则得之。"兆"字在各类文本中除了作卜兆的兆,即龟甲上所显示出来的占卜痕迹之外,《正字通》又指出"茔墓界域"或"坛域茔界"皆曰兆,《周礼·小宗伯》并言"兆五帝于四郊",《孝经》且言"卜其宅兆而安厝之"。这些兆字的词义当从"一步一脚印""凡走过必留下痕迹",象脚印(留在湿地上的)一义所引申出来。又,"跳"字当系从兆衍生出来。准此,"示"与"兆"的会意便有"神主驻足处所",即"宗庙"的含义,而这是祧的会意造字本义。如此说来,"宗庙"与"宗祧"在作词的本义上乃是重言,而其之所以另有歧义当系后延的、因新的词用而产生的新的语义,例如在《礼记·祭法》中祧被定义为"远庙为祧",郑注曰"祧之言超也,超,上去意也",在《周礼·春官》的"守祧掌守先王先公之庙祧"中,郑注定义为"迁主所藏曰祧"。(此二义似与"跳越步"相关)不过,在《左传·襄公二十三年》的"纥不佞,失守宗祧"中则可以看见祧作宗庙的本义。

事实上,最值得注意的是《仪礼·聘礼》"不腆先君之祧"一例,郑注曰:"迁主所在曰祧,《周礼》:天子七庙,文、武为祧,诸侯五庙,则祧始祖也,是亦庙也。言祧者,祧尊而庙亲。"换言之,郑注于"迁主所在""文武二祧(远庙)"之外,又释祧为诸侯始祖之庙,并言祧尊于庙。对于此一定义,郑注又进一步地解说"天子有二祧以藏迁主,诸侯无二祧,迁主藏于大祖庙,故此名大祖庙为祧也",即言因诸侯不如周天子立二祧庙以藏迁主,乃以大祖[即"大祖/始祖/祖考"详第二节(一)七庙制]之庙藏迁主,所以称大祖之庙为祧。

总的来说,祧作宗庙是用其本义,而表远庙、迁主所藏之庙、大(始)祖之庙这三义当系祧在先秦时代后起的词用。由于汉语的特性使然,祧且更进一步地可用来指称远庙之主、迁主、大(始)祖之主,并可兼作动词用,如上引"诸侯五庙,则祧始祖也",又如《新唐书·礼乐志》之"已祧之主,不得复入太庙"。祧再后的用法乃具表示宗祧继承之含义,如"承祧"

---

① 何琳仪:《战国古文字典》,中华书局,1998,第312页。此书在本文中简称《何字典》。

"守祧"等语,或如《老残游记》二编六回中"兼祧两姓俱可"的祧。① 要之,对于文本中的宗、庙、祧的词义,在释读时,注意其时代的早晚是不可或缺的。

二、先秦宗祧制度的载记

如前所述,在传世的文献中,有关先秦时代的宗祧制度大多散见于儒家子弟所编著的《礼记》中。事实上,在《礼记》中,就记载着三种不同的、有关于先秦时代的宗祧制度,即七庙制、五庙制、四庙制。现分别讨论之。

(一) 七庙制

七庙制的宗祧法则多见于《礼记》一书中,不过又可分出《王制》《礼器》《曾子问》及《祭法》甲、乙二种不同的说法。

甲说:

《王制》曰:

天子七庙,三昭三穆,与大祖之庙而七。诸侯五庙,二昭二穆,与大祖之庙而五。大夫三庙,一昭一穆,与大祖之庙而三。士一庙。庶人祭于寝。

《礼器》曰:

礼有以多为贵者。天子七庙,诸侯五,大夫三,士一。

《曾子问》曰:

曾子问曰:"古者师行,必以迁庙主行乎?"孔子曰:"天子巡守,以迁庙主行,载于齐车,言必有尊也。今也取七庙之主以行,则失之矣。当七庙、五庙无虚主。虚主者,唯天子崩,诸侯薨,与去其国,与袷祭于祖,为无主耳。"

从以上的记录可知此七庙宗祧制度的内涵为:

1. 天子七庙,诸侯五庙,大夫三庙,士一庙;庙数以多为贵。
2. 庙自大祖(始祖/祖考,详下)庙以下再分出昭庙及穆庙以成天子七庙、诸侯五庙、大夫三庙、士一庙之数。
3. 庙中并有迁庙之主。

乙说:

---

① "宗祧继承"乃以继承宗族宗祠之祭祖权位(兼及此宗祠相关的公有产业)为内涵,与一般家庭私有财产之继承不同。参见丁凌华:《宗祧继承论》,载《法律史论丛》第七辑《中国传统法律文化与现代法治》,重庆出版社,2000。又参见付春扬:《从宗祧制度的废除看法律变迁之诸因素》,《法学评论》总156期,2009年第4期,第102—106页。

在《祭法》中，对天子七庙、诸侯五庙、大夫三庙、士一庙，则有与《王制》《礼器》《曾子问》不同的细节载记：

天下有王，分地建国，置都立邑，设庙、祧、坛、墠而祭之，乃为亲疏多少之数。是故王立七庙，一坛一墠，曰考庙，曰王考庙，曰皇考庙，曰显考庙，曰祖考庙，皆月祭之。远庙为祧，有二祧，享尝乃止。去祧为坛，去坛为墠。坛、墠有祷焉，祭之；无祷，乃止。去墠曰鬼。

《祭法》在此指出王者设有"庙""祧""坛""墠"四种规格不同的场所来祭祀祖先（祧、坛、墠乃为《王制》《礼器》《曾子问》所未记载），唯《祭法》未如《王制》言及庙之昭穆。《祭法》宗祧制度之细节计有以下4点：

1. 王所立的七庙中有五类考庙再加上两座祧庙合为七庙。按，《祭法》所说的"王"即《王制》所说的"天子"，指的便是周王或周天子，是相对于两周时代的诸侯而言的王。

2. 此七庙中所谓的五类考庙乃指五类尊辈直系血亲的庙，即高于己一辈的"考$^{+1}$庙/父$^{+1}$庙"、高于己二辈的"王考$^{+2}$庙/祖父$^{+2}$庙"、高于己三辈的"皇考$^{+3}$庙/曾祖父$^{+3}$庙"、高于己四辈的"显考$^{+4}$庙/高祖父$^{+4}$庙"，以及"祖考庙$^{+5>>>+N}$（大祖之庙$^{+5>>>+N}$/始祖$^{+5>>>+N}$）之庙"——己所自出的，辈分最高、最远的祖先的庙。①（以上尊辈直系血亲亲称乃参照《尔雅·释亲》"父为考……父之考为王父……王父之考为曾祖王父……曾祖王父之考为高祖王父"之称谓法。）

3. 此七庙中有所谓的二祧，即两座"远庙"。"远"乃指其庙主的辈分还要更高于己四辈的显考$^{+4}$（高祖父$^{+4}$），但低于始祖$^{+N}$（祖考$^{+N}$/大祖$^{+N}$）。天子（王）对二祧"享尝乃止"，即行"享尝"之礼，即四时或每"季"祭祀之。按，此五庙二祧可视之为"狭义的七庙宗祧制"。

4. 王（天子）于七庙之外，另设一坛一墠以祭拜从祧庙中暂时迁出至"坛"，及从"坛"中暂时迁出至"墠"的先祖之主，因此可将五庙二祧与一坛一墠合在一起，并视之为"广义的七庙宗祧制度"。

---

① 《祭法》曰"祖考庙"，《王制》曰"大祖之庙"，乃皆指"始祖之庙"。"祖考"或"大祖"，在称谓系统中，可以是显考$^{+4}$（高祖父$^{+4}$）的尊/上一代即+5代，或显考$^{+4}$（高祖父$^{+4}$）的尊/上一代以上的任何一代即+5>>>+N代；按，+5>>>+N中的"+N"在此表高出无数、无限，或任何一个高于+5的世代。这是因为在现实世界中不同的王家，其香火传递的代数是不一的，有的传五代、十代或十余代，并无定数，所以用"N"表之。"大祖"在后代或作"太祖"。又《礼记》未用"始祖"一词，乃《纬》书及《礼记》注释家用词，如《王制》孔疏曰："《礼纬稽命征》云：唐虞五庙，亲庙四，始祖庙一……郑据此为说，故谓七庙，周制也。周所以七者，以文王武王受命，其庙不毁，以为二祧，并始祖后稷，及高祖以下亲庙四，故为七也。若王肃则以为天子七庙者，谓高祖之父，及高祖之祖庙为二祧，并始祖及亲庙四为七。""始祖"一词传流至今亦为现代人日常用语。特别要指出的是：始祖一般而言虽然是指第一代祖先，但如小宗之第一代祖则又是自大宗分支出来的，因此，始祖乃有其所属嗣系的相关位阶的分别，此即《丧服小记》所言"别子为祖，继别为宗"之始祖。又上引孔疏所用"高祖"一词乃表"显考$^{+4}$""高祖父$^{+4}$"。唯"高祖"一词在商甲骨文及若干传世文本中另有不同之意义，详第五节。

"坛",据《说文》段注,乃封土或筑土以为高出地面之台,而"墠"乃于野外治地除草为之。换言之,坛就是一座高出地面的平台,而墠就是在野外之地面整治出来的一片广场或空地。这两处是祭拜从祧(远)庙暂时搬离出去的祖先(的神主)的地方,当天子(王)有必要祝祷他们时祭拜。

关于《祭法》中祧、坛、墠间的关系,唐孔颖达疏曰:

> 一坛一墠者,七庙之外,又立坛、墠各一也。起土为坛,除地曰墠。近者起土,远亲除地……"去祧为坛"者,谓高祖之父也。若是昭行,寄藏武王祧。若是穆行,即寄藏文王祧,不得四时而祭之。若有四时之祈祷,则出就坛受祭也。"去坛为墠"者,谓高祖之祖也,不得在坛。若有祈祷则出就墠受祭也。高祖之父,既初寄在祧,而不得于祧中受祭,故曰"去祧"也。高祖之祖,经在坛而今得不祭,故云"去坛"也……"去墠曰鬼"者,若又有从坛迁来墠者,则此前在墠者,迁入石函为鬼。虽有祈祷,亦不得及。

虽然《祭法》未言昭、穆,然而孔疏认为《祭法》所谓的"二祧"乃周文、武二王之庙,且指出在位王(天子)的"高祖之父$^{+4+1=+5}$",他的行辈若是在昭,他的神主就得迁往为昭的周武王神主所在的祧庙(因为处于五世而迁的位置),若是在穆,他的神主就得迁往为穆的周文王神主所在的祧庙。由于祧庙四时享尝之祭的对象仅限于文王或武王,在位王(天子)的"高祖之父$^{+4+1=+5}$"不得于祧庙中受祭,可是当在位王(天子)有必要祭之时,就须"出就坛受祭",即在位王(天子)的"高祖之父$^{+4+1=+5}$"的神主须暂从祧庙移出并在"坛"受祭。循理类推,在位王(天子)的"高祖之祖$^{+4+2=+6}$""不得在坛,若有祈祷,则出就墠受祭也"。

上引《祭法》孔疏这段话不仅说明了一坛一墠所祭的对象与二祧庙主嗣系有所接续的关系,同时由于孔疏又言二祧有昭、穆(文王为穆行,武王为昭行),这就将《祭法》之七庙与《王制》之七庙画上了等号。《王制》的天子七庙为"三昭三穆,与大祖之庙而七",乃以"3昭+3穆+1大(始)祖合共7庙",即以"3+3+1=7"之方式表七庙制。而在《祭法》则以"王立七庙……曰考庙,曰王考庙,曰皇考庙,曰显考庙,曰祖考庙,皆月祭之。远庙为祧,有二祧",即以"2昭亲庙+2穆亲庙+1祖考(大祖/始祖)庙+1昭祧庙+1穆祧庙合共七庙",或"(2+2+1)+(1+1)=7"来表七庙制。孔疏显示两者虽表达方式殊途,但归结都在说明同一的制度。(唯刘歆于《王制》之七庙制有异说,详第四节)

再者,《祭法》除了记王(天子)的宗祧制度外,还记述了诸侯、大夫、官师、庶士的庙制:

> 诸侯立五庙,一坛一墠,曰考庙,曰王考庙,曰皇考庙,皆月祭之。显考庙,祖考庙,享尝乃止。去祖为坛,去坛为墠。坛、墠有祷焉,祭之;无祷,乃止。去墠为鬼。
>
> 大夫立三庙二坛,曰考庙,曰王考庙,曰皇考庙,享尝乃止。显考、祖考无庙,有祷焉,为坛祭之。去坛为鬼。
>
> 适士二庙一坛,曰考庙,曰王考庙,享尝乃止。显考无庙,有祷焉,为坛祭之。去坛为鬼。
>
> 官师一庙,曰考庙。王考无庙而祭之,去王考曰鬼。
>
> 庶士、庶人无庙,死曰鬼。

从《祭法》这段文字中可以看见，随着身份地位的不同，祭祖场所的数量和规格皆依序递减。它不啻具体地说明了《礼器》的"礼有以多为贵者。天子七庙，诸侯五，大夫三，士一"这一段话。特别值得注意的是诸侯立五庙，一坛一墠，无二祧庙之配置，大夫立三庙二坛无墠，适士立二庙一坛，官师一庙，庶士、庶人则无庙；然而，这些都是礼家的说法，事实如何，则有待查证。不过，《史记·秦始皇本纪》曰：

二世皇帝元年……令群臣议尊始皇庙。群臣皆顿首言曰："古者天子七庙，诸侯五，大夫三，虽万世世不轶毁……先王庙或在西雍，或在咸阳。天子仪当独奉酌祠始皇庙。"

由此看来，"天子七庙，诸侯五，大夫三"之制，当系先汉时代有关君王庙制之主流见解。作者特别在此要再指出的是：虽然《王制》《祭法》同言七庙制，而且孔疏将《祭法》与《王制》所记的七庙制画上了等号，不过《王制》明言庙有昭、穆之分，《祭法》则未明言庙之昭、穆；《祭法》言五庙（含其五考类）、二祧、一坛一墠，《王制》则未言及。《王制》以 3＋3＋1＝7，《祭法》以（2＋2＋1）＋（1＋1）＝7 来表七庙制。《王制》与《祭法》这几处对七庙制不同的记述，事实上的确为后人留下了不同解读的空间，例如作者在第四节中所讨论到的刘歆对《王制》七庙制的另类诠释。

七庙制之说尚见著于《谷梁传·僖公十五年》之"震夷伯之庙。晦，冥也。震，雷也。夷伯，鲁大夫也。因此以见天子至于士皆有庙：天子七庙，诸侯五，大夫三，士二"，以及古文《尚书·咸有一德》之"七世之庙，可以观德"等句中。又，《荀子·礼论》曰："故有天下者事十（七）世，有一国者事五世，有三乘之地者事二世，持手而食者不得立宗庙。"（王先谦《荀子集解》以为十当为七之误）再者，被唐颜师古认为是伪书的、晋王肃所注的《孔子家语》一书中也有"天子七庙，诸侯五，大夫三，士一庙"的记述。

（二）五庙制

五庙制的宗祧法则亦多见于《礼记》一书中，如同七庙之制，亦有甲、乙二种不同的说法。甲说见于《文王世子》，乙说见于《王制》和《祭法》。

甲说：

《文王世子》曰：

五庙之孙，祖庙未毁，虽为庶人，冠、取妻必告，死必赴，练、祥则告……

五庙之孙，祖庙未毁，虽及庶人，冠、取妻必告，死必赴，不忘亲也。亲未绝而列于庶人，贱无能也。

"五庙之孙"这句话，如上所引，二见于《文王世子》。基于该篇篇首言"文王之为世子，朝于王季"，篇中又言"凡三王教世子，必以礼乐"，又言"仲尼曰：'昔者周公摄政，践阼而治，抗世子法于伯禽，所以善成王也'"，由此可以推知《文王世子》一篇系由孔门弟子为说周天子的礼制而作。篇中所言及的"五庙之孙"当指周天子所行的五庙制的后代（孙辈们）。这里所说的五庙是天子的五庙，不同于《王制》《祭法》所言的，在天子七庙之外，又说到的诸侯的五庙。

乙说：

《王制》曰：

> 天子七庙……诸侯五庙，二昭二穆，与大祖之庙而五。

《祭法》曰：

> 天下有王，分地建国……是故王立七庙……诸侯立五庙，一坛一墠，曰考庙，曰王考庙，曰皇考庙，皆月祭之。显考庙，祖考庙，享尝乃止。

《王制》《祭法》所言的五庙制是诸侯的五庙制，而天子是七庙制的。然而《文王世子》则言天子施行五庙制。五庙制因此有《文王世子》之属于天子的（甲说），与《王制》《祭法》属于诸侯（乙说）的分别。

特别在此要指出的是，汉郑玄在注《文王世子》时指出"五庙"实际上是"四庙"。郑玄于《文王世子》经文"五庙之孙，祖庙未毁……"句下注曰："实四庙孙，而言五庙者，容显考为始封子也。"郑玄之注似将天子与诸侯的五庙制混为一谈了，且又混淆了五庙制与四庙制。唐孔颖达疏曰：

> 经云"祖庙未毁"，谓同高祖。若高祖以下，唯有四庙，今云五庙，故云"容显考为始封子"，是高祖为四世也。其五世是始封之君，自五世以下，其庙不毁，故为五庙也。六世以往者，从六世以至百世，但有吊礼……

孔颖达并未采用郑注的"实四庙孙"一语，即未将五、四相混。不过，孔颖达从郑注说"五庙之孙"为"始封子"（始受封的诸侯之子），这显示孔颖达亦以"五庙之孙"为言诸侯世家的子孙。

作者要指出的是，《祭法》所言诸侯所立的五庙，及天子所立的七庙（含两祧及五庙），二制中的五庙并为："考庙，王考庙，皇考庙，显考庙，祖考庙。"准此，郑玄所谓的四庙指的当系一己^{0}之"考$^{+1}$（父$^{+1}$）庙，王考$^{+2}$（祖父$^{+2}$）庙，皇考$^{+3}$（曾祖$^{+3}$/曾祖父$^{+3}$）庙，显考$^{+4}$（高祖$^{+4}$/高祖父$^{+4}$）庙"等四庙。不过，郑玄又说容许"显考为始封子"，即言尊己四个世代的"显考$^{+4}$"（高祖$^{+4}$/高祖父$^{+4}$）乃始封君之子（即"始封子"），所以四庙加上"始封君"之庙共五庙。五庙是有别于四庙的。这里的四庙较这里五庙要少了一座"始封君"之庙，即祖考$^{+5}$（大祖$^{+5}$/始祖$^{+5}$）之庙。四、五是两个不同的数字；四庙之孙指显考$^{+4}$（高祖$^{+4}$/高祖父$^{+4}$）这一代及其下三代之子孙，五庙之孙指祖考$^{+5}$（大祖$^{+5}$/始祖$^{+5}$）这一代及其下四代之子孙。郑玄虽说五庙之孙"实四庙孙"，但他并未将五等同四，事实上，他于四庙之上又添加了一庙，即始封君之庙。

作者在上段文字中将"祖考"订为"大祖$^{+5}$/始祖$^{+5}$"，乃由于郑玄说"容显考为始封子也"，这里的显考$^{+4}$（高祖$^{+4}$/高祖父$^{+4}$）为"始封子"，所以这里的"祖考"是+5世的，即是显考$^{+4}$(高祖$^{+4}$/高祖父$^{+4}$)之父$^{+1}$,亦即是+4+1=+5世的祖考$^{+5}$(大祖$^{+5}$/始祖$^{+5}$),而非高于五世后任一世,即(+5)＞＞＞+N世的祖考$^{(+5)＞＞＞+N}$[大祖$^{(+5)＞＞＞+N}$/始祖$^{(+5)＞＞＞+N}$]。后者之形成是因为在现实世界中不同的世家,其祖考/大祖/始祖之香火传递的代数与王家是不一的,有的传五或六、七代,有的或传十余代,有的可能传数十代,并无定数,所以用"N"表之。+5世的祖考$^{+5}$(或大祖$^{+5}$/始祖$^{+5}$)表只传了五代的祖考,不同于传了五代以上任何一代的祖考$^{(+5)＞＞＞+N}$[大祖$^{(+5)＞＞＞+N}$/始祖$^{(+5)＞＞＞+N}$]的。也正因为此,所以郑玄在注《仪礼·聘礼》"不腆先君之祧"一句时曰"迁主所在曰祧,周礼,天子七庙,文武为祧,诸侯五庙。则祧,始祖也",孔颖达疏曰"天子有二祧,以藏迁主,诸侯无二祧,迁主藏于大祖庙,故此名大祖庙为祧也"。这里郑注的始祖、孔疏的大祖乃系祖考$^{+5＞＞＞+N}$/大祖$^{+5＞＞＞+N}$/始祖$^{+5＞＞＞+N}$(可含五代及五代以上任何一代的祖考/大祖/始祖)。诸侯大祖的庙只要传承超过了五代就可晋级成为祧庙,这是因为诸侯之六、七、八……代祖无庙,只得迁其主入大祖的庙,而这就是孔疏所言的"迁主藏于大祖庙,故此名大祖庙为祧也"。

准此,诸侯的五庙制应予分出甲、乙二式:

甲式——"考$^{+1}$(父$^{+1}$)庙+王考$^{+2}$(祖父$^{+2}$)庙+皇考$^{+3}$(曾祖父$^{+3}$)庙+显考$^{+4}$(高祖$^{+4}$/高祖父$^{+4}$)庙+祖考$^{+5}$(大祖$^{+5}$/始祖$^{+5}$)"。此式系传至第五世之诸侯之五庙制,因为他的显考$^{+4}$(高祖$^{+4}$/高祖父$^{+4}$)为始封君之子。

乙式——"考$^{+1}$(父$^{+1}$)庙+王考$^{+2}$(祖父$^{+2}$)庙+皇考$^{+3}$(曾祖父$^{+3}$)庙+显考$^{+4}$(高祖$^{+4}$/高祖父$^{+4}$)庙+祖考$^{(+5)＞＞＞+N}$[大祖$^{(+5)＞＞＞+N}$/始祖$^{(+5)＞＞＞+N}$]"。此式即系甲式传承超过了五代以后之结构形式。(亦同周天子之五庙制)

在此要特别指出的是,诸侯五庙制乙式的结构与周天子二祧五庙之五庙结构相同,因为《祭法》所言天子七庙中之五庙是"考庙,王考庙,皇考庙,显考庙,祖考庙"。此一"祖考庙"的祖考仍后稷,他是传了数十代周天子的祖考$^{(+5)＞＞＞+N}$/大祖$^{(+5)＞＞＞+N}$/始祖$^{(+5)＞＞＞+N}$,他的庙居于祧庙的位置。

事实上,四庙、五庙、六庙等这些不同庙数的子孙乃在言四、五、六等不同世代的子孙,亦是在言这些不同世代的亲属。这里所说的庙数其实就是世代或辈分的差数。一己与不同世代亲人的亲属关系是不同的。在《尔雅·释亲》中记有不少先秦时代亲属的称谓词。四世(四庙或+4世代)子孙互相之间是"族晜弟"关系,五世(五庙或+5世代)子孙互相之间是"亲同姓"关系(参见图三"己⁰"这一世代各旁系亲属的称谓)。要之,四世(庙)子孙与五世(庙)子孙是不可混同的。

作者依据《尔雅·释亲》所记的亲属称谓制作了图三。唯各直系之尊辈世代(如+5、+6、+7)或各旁系的亲属称谓在《尔雅》中大多予以列出,作者谨依照其命名方式将其未载记的亲称,在图表中以括号方式补入,未括号者为《尔雅》原有的称谓。① 由于四世(四庙或+4世之)孙与五世(五庙或+5世之)孙身份有别,所以五庙制的宗祧法则应与四庙制的宗祧法则作出区隔。

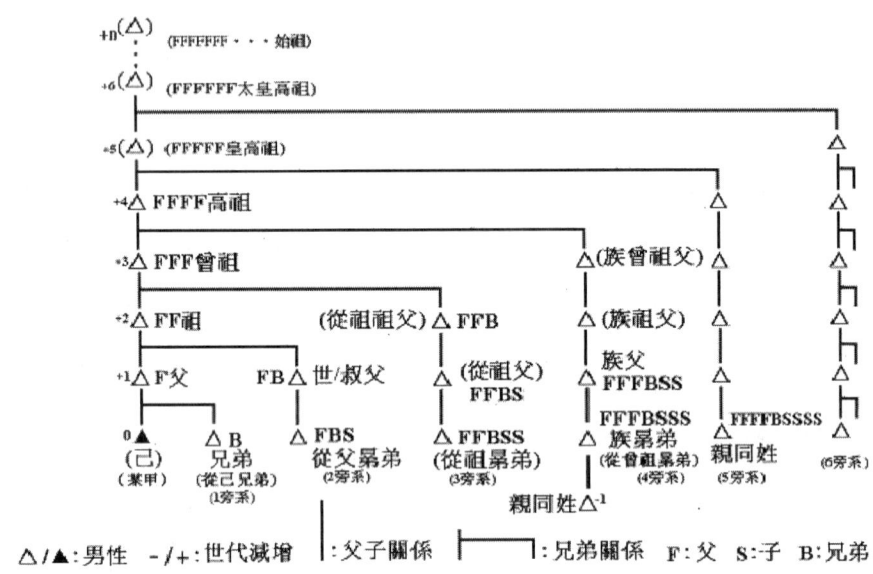

图三 五世而迁之宗族暨姓族亲属关系图

与五庙有关之宗祧说又见于《吕氏春秋·谕大》之"五世之庙,可以观怪"一句中。不过,这句话对五庙制的宗祧法则而言,并无新意。

(三) 四庙制

四庙制的宗祧法则见于《礼记·丧服小记》:

王者禘其祖之所自出,以其祖配之。而立四庙。庶子王亦如之……礼,不王不禘。

按,《丧服小记》乃言"王者"立四庙,非为"诸侯",且言"庶子王亦如之"。虽然此地明言立四庙,但郑玄之注却涉及五庙;郑注于"而立四庙"之下注曰"高祖以下与始祖而五",而孔疏曰"既有配天始祖之庙,而更立高祖以下四庙,与始祖而五也"。郑注与孔疏并言高祖$^{+4}$以下(含高祖$^{+4}$)共四庙,加始祖(祖考/大祖)之庙才为五庙。(按,此地始祖辈分不明,未知系属甲式或乙式)如上文所言,立四庙与立五庙是两回事,《丧服小记》只记立四庙,即仅及立高祖$^{+4}$之庙为止;是立四庙,不是立五庙。

郑玄对《丧服小记》之"王者禘其祖之所自出,以其祖配之。而立四庙",注曰"禘,大祭也。始祖感天神灵而生,祭天则以祖配之",郑注是以始祖为"祖之所自出",才有"与始祖庙而五也"之说。但是郑注又曰"禘谓祭天",孔疏亦曰"禘谓郊天也"。"禘"祭乃祭天,是

---

① 作者对《尔雅·释亲》中所记的旁系亲称系统已作过整体的研究,且将其与商代的旁系亲称作比较,见赵林:《商代的亲称"兄、弟"及其相关的旁系亲属问题》,《中国史研究》2009年第1期。本文图三系参照该文图一制作,但增加了+N,即于始祖(祖考/大祖)这一代,以配合本文主题。

在"郊"举行,并非在始祖的庙中举行,因此将上引《丧服小记》下一句话所言的立四庙,加注"高祖以下与始祖而五"明显地将第五座庙牵扯进四庙制来,形成4+1的庙制(按,高祖$^{+4}$以下含高祖$^{+4}$共四庙,与始祖庙合共五庙)。其实《丧服小记》文本中未言立始祖之庙,仅言为"禘其祖之所自出,以其祖配之",而此配禘祀之祖,乃系所立四庙之主,非为始祖,故言"而立四庙"。

再者,上引《丧服小记》句中两个"祖"字,严格地说来,定义并不明确。祖字乃泛指尊己二代及二代以上的男性祖先,要加了如曾、高、始之类的前缀,词义方能够明确。所以将句中的"祖"理解为"祖先",即可含所有的祖先,而非指始祖乃较合于理;所以不能将始祖之庙与"立四庙"混为一谈,且不必将始祖庙一与所立之四庙加在一起成为"立五庙"(如郑注),但读"而立四庙"为"而立四庙"才是正确的。要之,四即四,四不等于五,四加一才为五,此乃最基本的加法算术。郑玄若要将五庙制等同四庙制,又将四庙制等同五庙制,则明显地在数理上是错误的。

作者以为要将"而立四庙"的意义看得更深入更确切,应该将前引《丧服小记》"王者禘其祖之所自出,以其祖配之,而立四庙……礼,不王不禘"这段话与其上下文合起来看才可行。

现在先来看上引《丧服小记》这段话的上文:"亲亲以三为五,以五为九。上杀,下杀,旁杀,而亲毕矣。"这里在说:个人亲人的亲属关系,是"以三为五"的,即从合含己^{0}之三代(己^0、己父$^{+1}$、己子$^{-1}$共三代)扩及为五代,亦即从含己^{0}的直系三代再向上扩及至父之父——祖$^{+2}$,向下扩及至子之子——孙$^{-2}$,(含己^0)合共五代,即"以三为五",而且是"以五为九"的,即从这五代再向上扩及至曾祖$^{+3}$、高祖$^{+4}$,和向下扩及至曾孙$^{-3}$、玄孙$^{-4}$,合共九代。如此,"上杀",即斩断在己上之尊辈亲属关系;如此,"下杀"即斩断了在己下之卑辈亲属关系;如此,"旁杀"即斩断在直系亲人旁,即与旁系亲属之亲属关系。[至"族晜(兄)弟"为止,参见图三并详下]个人之亲属关系尽止于此九代亲人,而这也是(同宗男性血亲)丧服的范畴。

现在从图三来看"旁杀":按,向上之第四代(+4)即己^{0}之高祖$^{+4}$,又自高祖$^{+4}$所出而与己^{0}同辈者为"族晜(兄)弟",即己^{0}之第四旁系亲属,此即"以五为九"的范畴,亦即亲属关系只能上及"高祖$^{+4}$",旁及"族晜(兄)弟"为止。此一亲属范围便是"四庙之孙"的范围。若要向上再多一代至高祖$^{+4}$之父,即图三中的皇高祖$^{+5}$,那么在旁就得纳入"亲同姓",即第五旁系,这是以"以五为十一",超过了"以三为五,以五为九"的范畴,而且祖先的庙数要再加一为五,变成了五庙制。

作者在此特别要强调的是,四庙制的亲属中是没有"亲同姓"这一类的亲人,五庙制才有"亲同姓"这一类亲人。又,在图三之中作者并未示出向下四代(-4)之亲类名称,但向下四代含一己^{0}之子$^{-1}$、孙$^{-2}$、曾孙$^{-3}$、玄孙$^{-4}$这四代是可以理解且毋庸赘言的。

现在再来看上引《丧服小记》这段话的下文:"别子为祖,继别为宗,继祢者为小宗。有五世而迁之宗,其继高祖者也。是故祖迁于上,宗易于下。"这段经文主要在说明小宗从其本宗分出来的进程是五世。这里的五世是由"己^0"这一世,加上尊己^{0}的四世(父$^{+1}$、祖父$^{+2}$、曾祖$^{+3}$、高祖$^{+4}$)组成。这段经文说明了当一己^{0}成了父$^{+1}$且入了考(父$^{+1}$)庙,一己^{0}原来的父亲就升格迁入王考(祖父$^{+2}$)庙,一己^{0}原来的祖父就升格迁入皇考(曾祖父$^{+3}$)

庙,而一己⁰原来的曾祖父就升格迁入显考(高祖⁺⁴/高祖父⁺⁴)庙,成为新的"高祖⁺⁴"。这就是所谓的"有五世而迁之宗,其继高祖者也"。换言之,在四庙制原则中,到了第五世(从己⁰世向上算四世至高祖⁺⁴),则"祖迁于上,宗易于下",且"以五为九,上杀,下杀,旁杀,而亲毕矣",不承认有"亲同姓"这类亲属的存在。四庙制只认一己⁰"同宗"的亲人,不以"同姓"为亲人。事实上,亲属的世代关系犹如数学的位数关系,多算或少算一个世代便是加多或减少一个零(位数);四世和五世的不同,犹如千位数和万位数的不同,二者是不可画等号的。

总之,四庙制是不同于五庙制的,两者不宜混为一谈(如郑玄)。而且对于五庙制中的祖考庙,必须要分辨是尊五代(高祖⁺⁴之父⁺¹)的"祖考⁺⁵/大祖⁺⁵/始祖⁺⁵"庙,或是可为尊五代以上任何一代的"祖考$^{(+5)>>>+N}$/大祖$^{(+5)>>>+N}$/始祖$^{(+5)>>>+N}$"庙。

(四)小结

从以上《礼记》的记述来看:四庙制的四庙为考⁺¹(父⁺¹)庙、王考⁺²(祖父⁺²)庙、皇考⁺³(曾祖父⁺³)庙、显考⁺⁴(高祖⁺⁴/高祖父⁺⁴)庙。五庙制较四庙制多了一座"祖考⁺⁵/大祖⁺⁵/始祖⁺⁵"之庙。(此为甲式)或多了一座"[祖考$^{(+5)>>>+N}$/大祖$^{(+5)>>>+N}$/始祖$^{(+5)>>>+N}$]"之庙。(此为乙式)七庙制则较五庙制还多了二祧,即二座远庙;二座远庙庙主之辈分则介于"显考⁺⁴(高祖⁺⁴/高祖父⁺⁴)"与"祖考⁺ᴺ/大祖⁺ᴺ/始祖⁺ᴺ"之间,这是暂将《王制》和《祭法》所记之七庙制视为等同。(另详第四节关于《王制》七庙制之异说)四庙制的亲人只计算到同宗亲人,五庙及七庙制不仅计算同宗亲人,尚将"同姓"即"亲同姓"计入。

三、检验《礼记》所载宗祧制度之历史真实性

如上所示,先秦宗祧制度主要著录在《礼记》一书中。今传《礼记》又称为《小戴礼记》,是由汉今文学家戴圣,在西汉宣、成帝年间,大约公元前半世纪时编纂成书的,其内收有《大学》《中庸》《祭义》《郊特牲》《乐记》《玉藻》《乡饮酒义》《仲尼燕居》《丧服小记》等四十九篇论述儒家思想及先秦礼制的文章。依据以往及现代经学家的研究,这些作品大约出自春秋后期至战国时代孔门弟子之手。① 以上各篇在编入《礼记》一书之前或许是单篇流传,或许是收录在孔门某一弟子,如曾子、子思、公孙尼子的著述中。不过,在百余年传抄的历程中免不了会有秦汉时代儒者的文字植入,但大致上都尚能保持住原著的面貌。

上引《礼记》中记载宗祧制度之《祭法》《礼器》《曾子问》《文王世子》《丧服小记》《王制》诸篇多非出自同一时代同一弟子之门,但这并不足以说明何以同为儒家弟子,对周代宗祧制度的说法会有如此的分歧。究竟七庙、五庙、四庙之宗祧制是儒家各门弟子片面的主张,还是有所本的论述,似有必要检验、厘清。现在先来看文献及铭文中著录的先周及两周时代周王室的庙制,再将之与上述《礼记》所记的庙制作出比较。

(一)文献及西周铭文所见的周人宗、祖庙

在传世文献中,有关周人宗庙建筑最早的记录乃在《诗经·大雅·文王之什·绵》中:

---

① 参见王锷:《〈礼记〉成书考》,博士学位论文,西北师范大学,2004,第168—181页。

绵绵瓜瓞,民之初生,自土沮漆。古公亶父,陶复陶穴,未有家室。古公亶父,来朝走马,率西水浒,至于岐下。……周原膴膴,堇荼如饴……曰止曰时,筑室于兹……其绳则直,缩版以载,作庙翼翼……乃立应门,应门将将。乃立冢土,戎丑攸行……

《绵》记载后稷的第十三代孙古公亶父带领了族人,从豳(邠)地渡过了杜(土)、漆、沮三河,来到了岐山下土地肥美的周原①,在那里盖起屋子,并版筑了翼翼的宗庙,建立了城门以及祭祀大地的神社。

从《绵》所记周人在克商前之前"陶复陶穴,未有家室"及古公率族人搬迁至周原的客观状况来看,此一在周原新建的宗庙当系古公亶父为祭拜历代祖先而立。由于周人新到此地,且着手建造一座新庙,因此当非古公为其父或任何一位近祖所建造的庙宇。(在豳之故地应有周人早期祖先的旧庙)周原此一新庙或系以后稷为祀首,祔以后稷以下、古公以前十一代祖先的灵位。(详图四:周世系图之一"克商前及西周时代")此时古公亶父尚系晚商时代的一名诸侯,未拥有《礼记》所言天子的身份。

克商前

¹后稷(封于邰)—²不窋(奔戎狄之间)—³鞠—⁴公刘(依京,豳)—⁵庆节(国于豳)—⁶皇仆—⁷差弗—⁸毁隃—⁹公非—¹⁰高圉—¹¹亚圉—¹²公叔祖类—¹³古公亶父(太王,至岐下周原)—¹⁴季历(王季)—¹⁵昌(文王,作丰)

西周时代

¹发(武王)—²成王—³康王—⁴昭王—⁵穆王—⁶共王—⁷孝王(共王弟)—⁸懿(共王子)—⁹夷王—¹⁰厉王(出奔,由二相共和十四年)—¹¹宣王—¹²幽王

图四 周世系图之一"克商前及西周时代"

有关早期周人宗庙的事,又见于《尚书·武成》记周武王在牧野一战克商之后,自商至于丰邑,行告庙和柴天之礼:

厥四月,哉生明,王来自商,至于丰。乃偃武修文,归马于华山之阳,放牛于桃林之野,示天下弗服。丁未,祀于周庙,邦甸、侯、卫,骏奔走,执豆笾。越三日,庚戌,柴望,大告武成。既生魄,庶邦冢君暨百工,受命于周。

《武成》中所言的"丰"乃文王于伐崇之后所作的都邑(详下引《诗经·大雅·文王之什·文王有声》)。丰邑的"周庙"自当是文王所建。这座庙中的神主较古公亶父在岐下周原初建的庙要多了两位先人即古公和王季的神主。上引《武成》之所言,在《礼记·大传》中亦有类似的记述:

牧之野,武王之大事也。既事而退,柴于上帝,祈于社,设奠于牧室。遂率天下诸侯,执豆笾,逡奔走。追王大王亶父、王季历、文王昌,不以卑临尊也。

---

① 关于古公渡过了杜(土)、漆、沮三河一节,参见江昌林:《古公亶父"至于岐下"与渭水流域先周考古文化》,《考古与文物》2000年第2期,第56页。

《大传》所说的"柴于上帝""诸侯,执豆笾,逡奔走"当出自《武成》的"柴望""邦甸、侯、卫,骏奔走,执豆笾"二句,所不同的是这里多了"祈于社"一节,而且《大传》记"奠于牧室",不同于《武成》的"王来自商,至于丰""祀于周庙""受命于周"。《大传》另一个重点则是记武王以"王"之身份名号,追谥了他的曾祖古公亶父、祖父季历、父亲昌。《大传》当是据《武成》之所记再补入一些新的数据而写成;《武成》与《大传》的载记是互补的,而非互斥的。唯"追王"这件大事应该是在丰邑的"宗庙"中举行的,而不应该是在牧野战场临时搭建的"牧室"中举行。

"追王"此一举措不啻将这三位祖先的地位与其他的祖先作出了区隔。他们三人且以王的身份在武王时代为周公旦所特祭。《尚书·金縢》记武王克商后二年病弗豫,周公拟自以为功替代武王:

为三坛同墠;为坛于南方,北面,周公立焉。植璧秉珪,乃告太王、王季、文王。

武王在世时成周洛邑尚未营建,此次周公旦请以己身替代武王病体而向太王、王季、文王祈祷的地点是在宗周。周公旦之所以另择地、辟地、整地为"墠",并在其上建造坐南向北的三座祭坛(三坛上的神主分别为太王、王季、文王),而非在宗周的宗庙里直接向三王献上璧珪,可能就是因为宗周宗庙里尚有周人其他先祖的神位。周公旦考虑到如果在此只祈祷祭献三位先王,岂不失礼于其他祖先,所以需要另外准备特祭的场地。周公旦建墠立坛之举当系上引《礼记·祭法》所云"去祖为坛,去坛为墠"之滥觞。

三王又被称为三后。他们既然可以建墠立坛的方式受祭,自然也就可以建庙的方式来受祭。《诗经·大雅·文王之什·下武》曰:

下武维周,世有哲王。三后在天,王配于京。

《下武》乃追颂武王之诗。句中"配于京"的京是地名,是文王、武王的出生地,而配字像人跪在酉前作祭祀状,即言王于京祭祀三后。又,二人的父亲也是在此迎亲的,王季迎的是挚仲氏任,文王则迎莘国的女子。《诗经·大雅·文王之什·大明》曰:

挚仲氏任,自彼殷商,来嫁于周,曰嫔于京。乃及王季,维德之行。大任有身,生此文王……

有命自天,命此文王,于周于京,缵女维莘,长子维行,笃生武王。保右命尔,燮伐大商。

从本诗之"来嫁于周,曰嫔于京""于周于京"及前诗之"三后在天,王配于京"等句来看,"京"当系在"周"或周原内集政治、礼仪暨信仰活动于一的重要地区。唯"王配于京"亦可兼指在京地的庙,或宫、室(参见有关下表的讨论)太王、王季、文王在"京"受祭,明显地表示三后已与周人祭其他祖先的场所区隔开来了。换言之,在京有祭拜三后的场所,与古公亶父来到周原时所建的庙及文王在丰所建的庙不是一处。再者,他们三位的夫人也特别合在一起受到周人的祭拜和礼赞。《诗经·大雅·文王之什·思齐》曰：

思齐大任，文王之母。思媚周姜，京室之妇。大姒嗣徽音，则百斯男。

大任是王季之妇，周姜是古公之妇，大姒则为文王之妇。《思齐》这首诗是特别为祭拜赞美她们三位而作的。除了始祖后稷的母亲姜嫄之外，再没有其他的周先妣享有如此之殊荣。当然母以子贵，三位夫人的地位是得自三后的。

既然太王、王季、文王可以与其他祖先分庙祭拜，三王本身当然也可以分开来祭。到目前为止，被公认为周武王时代的铜器《天亡簋》铭文曰：

乙亥王有大丰（礼），王泛三方，王祀于天室，降，天亡佑王，殷祀于王丕显考文王，事喜上帝，文王监在上。

这几句铭文的大意是：名为"天亡"者，于乙亥日，当王在行泛舟三方之大礼，且王于大室祭祀下来之时，天亡佑助王，殷祭王伟大光明的亡父王文，喜事上帝，文王在天上监看着。

铭文说得很清楚——王的显考为文王。准此，此王非武王莫属。

在周金文或经籍中，某人的庙有时会径以"大室"或"世室"称呼之。（参见下引之例）事实上，文王个人的庙也见著于《诗经·周颂·清庙之什·清庙》：

于穆清庙，肃雝显相。济济多士，秉文之德，对越在天，骏奔走在庙，不显不承，无射于人斯！

这里在说济济多士从各方前来文王肃穆清净的庙中行祭拜之礼。学者统计在《诗经》中有十二首诗是为祭拜文王而作。① 这些特别为祭拜文王所作的颂诗如《诗经·周颂·清庙之什·维天之命》《诗经·周颂·清庙之什·我将》等明显有天命论的色彩。《诗经·大雅·文王之什·文王》曰：

文王在上、于昭于天。周虽旧邦，其命维新……
商之孙子、其丽不亿。上帝既命，侯于周服。

本诗的内容已明确地显示此诗是克商以后的作品，而此一事实又反映了专祭文王的清庙或系建成于克商之后。

以上述及周人在克商前后在周原、京、丰、镐所建各式各样的祖庙，这四个地点都在今陕西岐山到西安市长安区方圆约200公里、被周人称为宗周（或简称周）的地方。康王时

---

① 参见梅新林：《〈诗经〉中的祭祖乐歌与周代宗庙文化》，《浙江师范大学学报（社会科学版）》1999年第5期，第2页。

代的《小盂鼎》铭曰:"惟八月既(望)……昧爽,三左三右多君入服酒,明,王格周庙……"穆王时代的《趞鼎》铭曰:"唯三月,王在宗周,戊寅,王格于大庙……"懿王时代的《同簋》铭曰:"王在宗周,格于大庙……"《免簋》铭曰:"王在周,昧爽,王格于大庙……"孝王时代的《三年师兑簋》铭曰:"惟三年二月初吉丁亥,王在周,格大庙……"这些西周时代的铭文都记载了在周或宗周的"大庙",唯未知诸铭所言的"大庙"是在上述四地中的何处何所①,但可以确定的是,宗周(周)是西周王朝大庙所在地(之一)。

事实上,西周王朝在成周(洛阳)亦建有大庙。《尚书·洛诰》记周成王时洛邑建成,成王在新邑祭文王、武王的事:

戊辰,王在新邑烝,祭岁,文王骍牛一,武王骍牛一。王命作册逸祝册,惟告周公其后。王宾杀禋咸格,王入太室,祼。王命周公后,作册逸诰,在十有二月。惟周公诞保文武受命,惟七年。

此次祭祀之受祭者仅文王、武王。《洛诰》全篇先后言"扬文武烈""文武勤教""文武受民""文祖受命民,越乃光烈考武王""禋于文王、武王""文王骍牛一,武王骍牛一""文武受命",共七次文、武并称,只字不提其他任何一位祖先。显然,在成周这座新庙落成时,庙内只立有文王、武王二位之神主,因为他们二位是受民、受命者,与之前的诸祖先不同;后者在宗周已入了为他们而建的庙。成周是为了掌控新得到的"天下"而建立的。这是周初的"天命论"使文、武二王的地位不同于前人;而且后代的周王经常以"丕显文武,膺受天命"自励自勉并及臣工②,而未提及其他的祖先。

上引《洛诰》文中所言的"太室"当即作为新建洛邑主要建筑物之一的宗庙中的太室;而"烝",据《礼记·王制》"天子诸侯宗庙之祭,春曰礿,夏曰禘,秋曰尝,冬曰烝",是天子四时季节性的祭典。成周此一宗庙存在之事实有可能又见著于周成王第七代孙周厉王时,名为"敔"的贵族为奉命讨伐南淮夷,胜利成功并受到赏赐而铸的青铜器铭上:

唯王十又一月,王格于成周大庙,武公入右敔,告擒馘百,讯四十,王蔑敔历,使尹氏授釐敔圭瓒,贝五十朋,锡田……

这座成周的大庙或许就是成王新建洛邑时供奉文、武二王神主所在之大庙。但是事实真相似乎仍存有若干的不确定性,因为周王室在成周的庙与在宗周的庙有一个共同点,即不限于一处一式,而是多处多样的。《作册令方彝》记:

---

① 参见中国社会科学院编《新中国的考古发现和研究》,文物出版社,1984,第248、253页张长寿语。张指出周原为周人的早期都邑,虽经文王、武王迁都丰、镐,但出土文物资料显示一直到西周晚期此一地区"仍然是西周的重要政治中心"。准此,此地的宗庙当于迁都后继续存在且被使用。

② 如见于西周晚期宣王时代的《毛公鼎》(《殷周金文集成》2841)、西周晚期的《师克盨》(《殷周金文集成》4467)、西周中期的《乖伯归夆簋》(《殷周金文集成》4331)、西周早期的《大盂鼎》(《殷周金文集成》2837)。

唯八月,辰在甲申,王令周公子明保尹三吏四方,受卿事寮。丁亥,令矢告于周公宫。公令出同卿事寮。唯十月月吉癸未,明公朝至于成周,出令舍三吏令,暨卿事寮,暨诸尹,暨里君,暨百工,暨诸侯,侯、田、男,舍四方令。既咸令。甲申,明公用牲于京宫,乙酉用牲于康宫,咸既,用牲于王。明公归自王。明公锡亢师鬯、金牛,曰:用祓,锡令鬯、金牛。曰:用祓……

唐兰认为"作册令方彝"是昭王时器,郭沫若则认为为成王时器。① 这里记着在成周一地至少还有"京宫""康宫"二宫(庙)。唐兰指出铭中言及的"京宫"是在成王时代,周公奉命营建成周时,仿照宗周在"京"的宫,即京宫所建造的,而铭中言及的"康宫"则为周康王的庙(当然是建于康王逝世之后)。② 作者以为唐说成周的京宫仿照宗周京宫建造之说可从,郭说则滞碍难通。不过唐兰认为铭文中所说的"用牲于京宫",乃是于京宫用牲自古公亶父、王季、文王、武王一直到成王,作者未便认同。作者以为成周京宫若是《洛诰》文中所言的"太室"所在的宗庙,或亦即敔器铭中所言的"成周大庙",则此庙是以文、武二王为祀首,当未设有古公亶父、王季之神位。若不然,则成周京宫或以宗周京宫成立之初所立的三后作为祭拜的对象。

又,唐兰读《作册令方彝》之"咸既,用牲于王。明公归自王"中的"王"乃"王城"。准此,明公除了在京宫、康宫用牲之外,又在成周名为王城之地用牲。唯此一释读,学界并无共识。③

按,王城一词如见于《左传·僖公二十五年》"夏四月丁巳,王入于王城",指在成周地区,周王所居之城。虽然目前学界的意见较偏向王城不存在于西周洛邑,乃于东周时始现,④唯且先搁置王城出现的年代问题,作者在此要讨论的是《孔子家语·观周》的这段话:

孔子观周,遂入太祖后稷之庙。庙堂右阶之前有金人焉,叁缄其口……

孔子前往周地观光,此周地当系成周之王城。(春秋时代宗周之地已归秦所有)即使王城一名不存在于西周,但后稷之庙存在于成周(春秋时代的周王城)是可以确定的。而此庙也有可能在西周时期便建筑于此地。孔子在周王城所参访的"太祖后稷之庙"当系周王室始祖之庙。此一坐落在成周地区的始祖庙与前面讨论到的成周地区的京宫、康宫、成周大庙、新邑太室等庙,使两周时代成周地区周人祖庙多处、多样式的复杂性不亚于宗周。现将见诸器铭及文献相关的西周时代的祖庙的著录,摘要表列出来,以便作进一步的讨论(见表一):

---

① 参见韩军:《西周金文研究中的"康宫问题"论争述评》,《殷都学刊》2007年4期,第65页。又参见郭沫若:《两周金文辞大系图录考释》下册,上海书店出版社,1999,第6—7页。
② 唐兰:《西周铜器断代中的"康宫"问题》,《考古学报》1962年第1期,第17—18页。
③ 同注②。又,陈邦怀将铭中之"王"字读为周王之王,并句读如"咸既用牲,于王。明公归自王",亦即否定此时之成周内有王城一地。参见贾洪波:《论令彝铭文的年代与人物纠葛——兼略申唐兰先生西周金文"康宫说"》,《中国史研究》2003年第1期,第17页之细节讨论。
④ 参见徐昭峰:《成周与王城考略》,《考古》2007年11期,第69页。

表一　器铭暨传世文本所见克商前后周先公先王之宫庙室

传世文本、器铭所见周之宫庙室	庙主	著录及器铭断代	附记
周原朊朊……作庙翼翼	集体	《诗经·大雅·文王之什·绵》	在周原,古公亶父所建
王来自商,至于丰……祀于周庙……	集体	《尚书·武成》	在丰,文王始建,武王克商后于此告"武成"
下武维周,世有哲王,三后在天,王配于京	三后	《诗经·大雅·文王之什·下武》	在京,武王为祀太王、王季、文王等三后而建
王泛三方,王祀于天室……殷祀于王丕显考文王…… 于穆清庙,肃雍显相。济济多士,秉文之德……	文王	《天亡簋》武《马17》① 《诗经·周颂·清庙之什·清庙》	此为在武王所建之镐京辟雍天室祀文王 此清庙为祀文王之专祠
于皇武王,无竞维烈……嗣武受之 桓桓武王,保有厥土。于以四方,克定厥家……	武王	《诗经·周颂·臣工之什·武》 《诗经·周颂·闵予小子之什·桓》	此为周王室在庙中专祭武王之颂诗
周原朊朊……作庙翼翼	集体	《诗经·大雅·文王之什·绵》	在周原,古公亶父所建
王在新邑烝,祭岁。文王骍牛一,武王骍牛一……王入太室祼…… 王十又一月,王格于成周大庙…… 明公朝至于成周……甲申,明公用牲于京宫……	(文、武二王?)	《尚书·洛诰》 《𢼸簋》厉《马411》 《作册令方彝》成或昭《马51》	此为在成周之大庙,初建时仅立文、武二王之神位,京宫或为其另称 唐兰订为昭王时器;郭沫若订为成王时器

---

① 《马17》之"马"代表,见马承源:《商周青铜器铭文选》,文物出版社,1990,"17"表器号。"《天亡簋》武"表《天亡簋》乃断为周武王时器。在本表中,除《克钟》从唐兰断为宣王时器外,余皆从马承源之断代。

续表

传世文本、器铭所见周之宫庙室	庙主	著录及器铭断代	附记
明,王格周庙……	集体	《小盂鼎》康《马63》	《小盂鼎》于陕西岐山出土,因而周庙当系建在宗周之大庙 《盠方尊》于陕西郿县,《虢季盘》于陕西宝鸡出土
王在宗周,戊寅,王格于大庙……	集体	《趞鼎》穆《马172》	
王在宗周,格于大庙	集体	《同簋》共/懿《马233》	
王在周,昧爽,王格于大庙……	集体	《免簋》懿《马251》	
王在周,格大庙……	集体	《师兑簋》孝《马278》	
惟八月初吉,王格于周庙……	集体	《盠方尊》孝《马314》	
王格周庙宣榭……	集体	《虢季盘》宣《马440》	
惟九月既望甲戌,王格于周庙……	集体	《无专鼎》宣《马444》	
康有酆宫之朝 惟二月丁亥初吉,王在周成大室,旦,王格庙…… 惟正月初吉丁亥,王格于成宫,井公入右……	成王	《左传·昭公四年》 《吴方彝》懿《马246》 《召壶》孝《马296》	服虔注:酆宫,成王庙所在也。按,酆即文王所作的丰邑
明公朝至于成周……乙酉用牲于康宫 惟廿年正月既望甲戌,王在周康宫,旦,王格大室,即位,益公右…… 惟正月初吉丁卯,王在周康宫,旦,王格大室,即位,益公入右…… 惟正月初吉丁亥,王格于康宫,中佣父入右…… 惟三月初吉庚申,王在康宫格大室,定伯入右…… 惟九月既生霸庚寅,王在周康宫,旦,格大室,即位,司徒单伯入右…… 惟元年五月初吉丁寅,王在周格康庙,即位,同中右…… 惟正月初吉乙亥,王在康宫大室…… 惟九月既生霸甲寅,王在周康宫格大室,即位,荣伯入右…… 惟三月初吉丙戌,王在康宫,荣伯入右…… 惟王五月初吉甲寅,王在康庙,武公右南宫柳即位……	(康王?)	《作册令方彝》?《马95》 《休盘》共《马221》 《申簋》共/懿《马231》 《楚簋》共/懿《马232》 《即簋》懿《马241》 《扬簋》懿《马257》 《元年师兑簋》孝《马276》 《君夫簋》《马323》 《辅师嫠簋》夷《马387》 《康簋》厉《马413》 《南宫柳鼎》厉《马416》	关于"康宫"的时代及是否为周康王之庙等问题,详(贰-2)之讨论。唯"康庙"一词在金文中二见,据此可见周康王之庙确实存在。 器物出土地点有记录者: 《作册令方彝》河南 《楚簋》陕西 《即簋》陕西 《辅师嫠簋》陕西 《南宫柳鼎》陕西 在河南即系在成周一带,在陕西即系在宗周一带;由此可见两地皆有京宫及康宫

续表

传世文本、器铭所见周之宫庙室	庙主	著录及器铭断代	附记
穆王五十七年西王母来见,宾于昭宫。 惟五月王在,辰在丁卯,王禘,用牡于大室禘邵王…… 余执龏(共)王恤功于邵大室东朔…… 惟二年正月初吉,王在周邵宫,丁亥,王格于宣榭 惟三年五月既死霸甲戌,王在周康邵宫,旦,王格大室,即位,宰引右……	昭王	《竹书纪年》 《刺鼎》穆《马164》 《五祀卫鼎》共《马198》 《鄭簋》厉《马403》 《颂鼎、簋、壶》宣《马434、435、436》	《穆天子传》作十七年
惟王三祀四月既生霸辛酉,王在周格新宫…… 惟十又五年五月既生霸壬午,龏(共)王在周新宫,王射于射卢…… 惟王十又三年六月初吉戊戌,王在周康宫新宫,旦,王格大室,即位,宰倗父右…… 惟十又二月初吉丙午,王在周新宫,在射卢,王呼…… 惟王廿又七年正月既望丁亥,王在周康宫,旦,王格穆大室…… 惟王元六月既望乙亥,王在周穆王大室,王若曰…… 王在宗周,旦,王格穆庙,即位…… 惟十又八年十又二月初吉庚寅,王在周康穆宫,王令…… 惟廿又八年五月既望庚寅,王在周康穆宫,王格大室,即位……	穆王	《师遽簋》共《马196》 《十五年趞曹鼎》共《马209》 《望簋》共《马212》 《师汤父鼎》共《马216》 《伊簋》共《马222》 《曶鼎》懿《马242》 《大克鼎》孝《马297》 《克盨》孝《马305》 《袁盘》厉《马425》	

续表

传世文本、器铭所见周之宫庙室	庙主	著录及器铭断代	附记
	共王	器铭中尚未见有此三王之宫庙室， 唐兰认为共、懿等王在厉、宣时代已为祧庙	
	孝王		
	懿王		
宣王命鲁孝公于夷宫 惟十又七年十又二月既生霸乙卯，王在周康宫徲宫，旦，王格大室…… 惟卅又一年十又三月初吉壬辰，王在周康宫徲大室……	夷王	《国语·周语》 《此鼎》厉《马422》 《此鼎》厉《马426》	"徲"唐兰认为当读若夷王之夷
惟十又六年九月初吉庚寅，王在周康剌宫……	厉王	《克钟》宣《马294-5》	唐兰订为宣王时器 马承源订为孝王时器①
	宣王		
	幽王		

以上摘要表列了铭文暨经籍所见克商前暨西周时代周先公先王之宫、庙、室之相关著录，作者且在"附记"一栏，作了若干简单的说明。现将之与《礼记》所言的庙制作一比较，并对学者相关的研究作出讨论。

(二)比较《礼记》与文献及铭文所见的周庙制

见于《礼记》与见于文献及铭文的周庙制相异之处多，相同之处少。如以上经典文献显示，在武王克商以前，在宗周地区，即含岐山周原、周原之京、丰邑、镐京等地五、四庙制，每制只有一"制式"(七、五、四庙之中含那七、五、四座庙是规定好的)，而且同一种祖先不得在同一式中重复出现。

其次，克商前后所构筑的这些不同规格的祖先的庙，大多是因为有新的政经或地域相关条件的产生，才需要建造新而不同的庙。也正因为如此，庙中神位或神主会有不同的组合安排。然而《礼记》所言的七、五、四庙制似是构筑在一个皆有不同规格或不同庙主(群)的庙，且同一祖先或同一组祖先的神位或可以在这几处庙中重复占有席位，没有固定的规格。然而《礼记》所言的七、五、四庙制处于抽象不变的时空条件中(所谓的"周代"或"周天子"时代)，神位的归属或安排是固定不变的，与现实中存在不同的历史时段(如自幽迁周、作丰、作镐、克商、建成周;有西周、东周、春秋战国)的情况有异。

事实上，《礼记》所言的七庙制只限于天子(王)的身份。现在假设如孔疏所言的《王制》《祭法》的七庙制已经落实在首位天子即周武王时代，而此七庙制乃始祖之庙一，再加三昭庙三穆庙即含二座祧或远庙，四座亲庙即父、祖父、曾祖父、高祖父庙，那么二座祧

---

① 马承源:《商周青铜器铭文选》，文物出版社，1990，第213页。

(远)庙就应该是高圉、亚圉庙①；余下的二昭二穆之四亲庙便应该是公叔祖类、古公亶父、王季、文王；而始祖之庙则属后稷。这是依照周世系表排出来的七庙格局。但问题是：假若武王时代的格局果真如此，则在古公亶父的时代，高圉、亚圉庙就不可能是祧(远)庙，因为它们只是古公的祖父、曾祖父庙，而祧(远)庙之主是不随世代变换的。如此，这个以高圉、亚圉庙为二祧的假设性的武王时代的七庙制，由于其命题本身含有此一内在矛盾，所以是不能成立的。

又，《祭法》在《王制》的七庙之外，再加上坛、墠。如前所述，武王在世时，周公旦所立的三坛同墠是临时性的，只为周公以己身为武王病体之功而设的；与七庙制联结、具制度性质的(即《礼记》所记的)坛、墠并不存在。总之，在克商之前，并无任何可能的时段可以来落实含坛、墠的《祭法》的七庙制，虽然坛、墠一度出现在武王时代。

现在再来看：如果七庙制是落实在西周时代的宗周，那么或许要到共王时代的宗周其成立的最基本条件方才具备。这时二祧是文王(穆)、武王(昭)庙，四亲庙是成王(穆)、康王(昭)、昭王(穆)、穆王(昭)庙，始祖是后稷庙，然后每增加一个王的世代，原来的高祖就要迁祔至祧庙。但是，上引铭文数据显示"成宫"存在于孝王时代，"周邵宫"存在于厉王时代，"周康邵宫"存在于宣王时代，这些现象表明了不符五世则迁，昭祔昭祧，穆祔穆祧的七庙制原则。

在成周地区，器铭也显示事实亦与七庙制原则不兼容。首先，前面已提到在洛阳成周始建时只在一庙的大室中祭拜受命受民的文、武二王，而文王为穆，武王为昭，二王便是此庙的祀首，并未以七庙制的一穆庙、一昭庙或二祧庙的形式出现。其次，成周的"京宫"及"康宫"若系比照宗周的京宫、康宫所建，则京宫为集合神主之庙(或如唐兰之说祭拜古公亶父、王季、文王、武王一直到成王，或如作者所见仅祭拜古公亶父、王季、文王)，而康宫内又有康王以下至少五六代周王之个人宫庙，此一现象与七庙制的二祧(远)庙、连续四代亲庙的形式格格不入。不过，七庙制中有始祖庙一，成周王城也有周人始祖后稷之庙(但不能确定是否鉴于西周时代)，但这只是局部性的相同。

整体来说，周王室在宗周和成周的祖庙与《礼记》的七庙制是不符的，但后者的若干部件却存在于前者的体系中。现在接着要问的问题是：文献及铭文所见的周庙制与《礼记》的五庙制能否相容？

五庙，如前所述，乃含考($父^{+1}$)庙、王考($祖父^{+2}$)庙、皇考($曾祖父^{+3}$)庙、显考($高祖父^{+4}$)庙，以及祖考($始祖^{+5>>>+N}$)庙。祖考(始祖)可以是显考($高祖父^{+4}$)的尊或上一代即"+5"，或显考($高祖父^{+4}$)上一代以上的任何一代">>>+N"(+N 表高出无数、无限，或任何一个高于+5 的世代，因为不同的世家，其香火传递的代数是不一的)。简言之，五庙制就是始祖之庙一，其余四庙皆为"亲庙"即尊一至四辈祖先之庙。

作者在本节中言及《礼记》所言的七、五、四庙制，同一祖先不得在同一式中重复出现，与克商前周人"多处、多座、多式"庙制的实况不同，而且《礼记》所言的七或五或四庙制是

---

① 《左传·昭公七年》记周王派使臣往卫吊丧，并附言不敢忘记高圉、亚圉二位远祖。由此观之，在古公亶父之前的诸先公，除了公刘，在《诗经·大雅·生民之什·公刘》有专章歌颂他之外，最受推崇的就是高圉、亚圉，二人因此或有符合作祧之条件。

构筑在一个不变的时空条件中,祖先神位的归属或安排是固定不变的,与现实中周王室的情况有异。

除此以外,文献及铭文所见的周庙制与《礼记》五庙制明显不相容之处乃在:理论上,周王室五庙制的始祖庙以后稷为庙主,并祔食以"时王"所有尊五辈以上(含尊第五辈)的先王,形成所谓的"一始祖$^{+5>>>+N}$庙,四亲(父$^{+1}$、祖父$^{+2}$、曾祖父$^{+3}$、高祖父$^{+4}$)庙"的五庙制。但在现实中,后稷的庙虽然存在于周代(有《诗经·周颂·清庙之什·思文》专祭后稷,及在成周王城的后稷庙),但是文王、武王的庙亦与之同时存在(成周以文、武二王为祀首的大庙一直存在于西周时代),其他超过时王四代的先王的庙,如前述孝王时代成王的"成宫"、厉王和宣王时代昭王的"周邵宫"或"周康邵宫"亦未见毁,它们的神主自然不可能迁入始祖后稷之庙。换言之,在西周时代,被五庙制理论规定应祔食于始祖庙的历代祖先,在现实中并未祔食于周王室的始祖庙。(即使历代祖先有祔食于始祖庙,但由于他们的庙并未见毁,所以亦非五庙制)准此,五庙制是儒家弟子的主张,不是西周时代的历史事实。

《礼记》四庙制与文献及铭文所见的周庙制不兼容的道理,基本上和七、五庙制之所以不兼容于现实中是一样的。不过,尤有甚者,四庙制若施行于周,那么在现实中西周王室就连始祖的庙也没有,因为四庙仅含四亲庙,不包括始祖庙。而且到了穆王、共王时代,文、武二王的庙也排除在庙数四之外,因而不许存在。四庙制的主张与西周时代的历史事实显得与事实格格不入。

到目前为止,从文献及出土文本上是看不出西周时代系行何种确定数字的庙制;再者,铭文中周人所谓的大庙或周庙,与京宫、康宫之间的关系似亦未能确切掌握。不过,据反向的观察,倒是可以很肯定地提出:西周时代的庙制绝对不可能是《礼记》所说的七或五或四庙制。

以上讨论的是西周时代的现象。在东周时代,从文献上来看,也未能看见周天子或诸侯行《礼记》所言的某一定数的庙制。最具有说明性的事证见于东周景王去世后,诸王子争立事件的记述中。《史记·周本纪》记:

国人立长子猛为王,子朝攻杀猛。猛为悼王。晋人攻子朝而立王子丐,是为敬王⋯⋯四年,晋率诸侯入敬王于周,子朝为臣。

事情是这样的:王子猛先由国人立为王(即周悼王),但王子朝不服杀了悼王,于是晋国介入支持王子丐,但历经四年时间才成功地将王子丐送进成周成为周敬王。这件事的细节亦记于《左传·昭公二十二年》:

丁巳葬景王。王子朝因旧官百工之丧职秩者,与灵、景之族以作乱⋯⋯壬戌,刘子奔扬,单子逆悼王于庄宫,以归,王子还,夜取王以如庄宫⋯⋯刘子如刘,单子使王子处守于王城,盟百工于平宫⋯⋯

按,"平宫"乃平王即东周第一代君王之宫庙,"庄宫"乃其孙庄王之宫庙,而周景王是平王第十一代孙,也是庄王的第九代孙。(参见图五:周世系图之二"东周时代")这二位远祖的庙不仅完好地存在于周景王时代,同时在政争中似乎还居于事件发生的主场位置。除这二座远祖的庙,另一座也称得上远祖的庙,即襄王的庙,也是这一连串事件进行中的主场之一。《左传·昭二十六年》记:

> 十一月,辛酉,晋师克巩,召伯盈逐王子朝……召伯逆王于尸……癸酉,王入于成周,甲戌,盟于襄宫,晋师成公般戍周而还,十二月,癸未,王入于庄宫……

周襄王是周景王的尊六世祖。由以上的事例可知,在东周时代周王室决非行使《礼记》所言的七、五、四庙制。事实上,学者已经提出"平宫""庄宫""襄宫"存在于景王时代来质疑《礼记》所言的七、五或四庙制及所谓的"毁庙"制度的存在;他们或再援引晋悼公"朝于武宫"《左传·成公十八年》(晋武公是悼公+6世祖)、晋顷公时"献俘于文宫"《左传·昭公十七年》(文公是顷公+7世祖),以及"五月辛卯,桓宫、僖宫灾"《左传·哀公三年》(鲁桓公、僖公分别为哀公的+8、+6世祖)、"季平子祷于炀公,九月,立炀宫"《左传·定公元年》(鲁炀公为定公的+13世祖)、"春,将禘于武公,戒百官"《左传·昭公十五年》(鲁武公是昭公的+10世祖)等事例来进一步说明在东周或春秋时代亦无毁庙制度之存在。① 无毁庙制即无"迁毁庙之主"一事,亦即无"迁主所藏曰祧"的"祧庙"存在的事实。

¹平王(东周时代开始)—²桓王—³庄王—⁴僖王—⁵惠王—⁶襄王—⁷顷王—⁸匡王—⁹定王—¹⁰简王—¹¹灵王—¹²景王—(¹³悼王)¹³敬王—¹⁴元王—¹⁵贞定王—¹⁶考王—¹⁷威烈王—¹⁸安王—¹⁹烈王—²⁰显王—²¹慎靓王—²²赧王—²³东周君

图五 周世系图之二"东周时代"

作者以上系就文献及铜器铭文对《礼记》所言的七、五、四庙制作出检验。大致上来说,文献所见的资料虽然不够多,但原则上是明确可信的;文献中有关克商前后及春秋时代周王室及诸侯宗庙的纪事是反证《礼记》说法的有力依据。再者,周金文提供许多重要的事证,虽然学界对一些器物的绝对年代意见分歧,如有关《作册令方彝》在断代上的歧义;唯作者认为即使此一争议尚未了结,但是那些较无争议的铭文以及文献上的记载已经足够证明《礼记》所记七、五、四庙制是不存在于两周时代的王室。

(三)评论唐兰的西周庙制说

由于唐兰认为周金文显示周康王的康宫是"始祖庙",且主张西周后期周王室行五庙制之说,本节乃以评论他的缺失为主旨。作者前已提及本文采用马承源所编的金文本子及其断代体系,而马承源在《作册令方彝》的断代上与唐兰是一致的,认为是周昭王时代之器,因此作者在注记与康宫相关器铭的年代上与唐兰大多相同;作者且从唐兰等学者的考证认为成宫、康宫(康庙)、周邵宫(周康邵宫、邵大室)、穆庙(周康穆宫、穆大室)、周康宫逨宫(周康宫逨大室)、周康剌宫等,分别是成、康、昭、穆、夷、厉等王的宫庙。(详如表一)不过这不表示作者全然认同唐兰对西周庙制的看法。唐兰说:

---

① 参见张荣明:《中国的国教:从上古到东汉》,中国社会科学出版社,2001,第127—129页。又见陈筱芳:《周代庙制异议》,《史学集刊》2010年第5期,第30—31页。

金文厉宣时代,既有"昭宫"、"穆宫",又有"夷宫"、"厉宫",显然由于共、懿等王已为祧庙,附入昭穆两宫了,可见西周后期,还是用五庙制度的。①

唐兰又说:

京宫里是五庙,太王、王季、文王、武王和成王,是一个始祖和二昭二穆,但康王以后,忽然改了,变为昭王是昭,穆王是穆了。这就证明了康王的庙必然是独立的,不在"京宫"以内的,证明了康王在周王朝的宗庙里是作为始祖的。……
根据金文资料,文王、武王并不是作为永远存在的两个祧庙,而是属于"京宫"里面的。康王以后列入康宫,但在宣王时,康宫里也是五庙,即康宫、昭宫、穆宫、夷宫、厉宫,而不见共王、懿王、孝王等,可见共、懿等王,已经是祧,而被附入"昭宫"或"穆宫"里去了……西周祭祀可能还有更远的始祖,如后稷、公刘等,在金文里没有见到,但就是"京宫"和"康宫"的并列,每一宫内实际都包括五宫,两昭两穆,而并没有什么七庙九庙之说。②

上引唐兰之说,作者以为其失误或难圆之处有四:
1. 《礼记·文王世子》的周王室五庙制是由考(父$^{+1}$)庙、王考(祖父$^{+2}$)庙、皇考(曾祖父$^{+3}$)庙、显考(高祖父$^{+4}$)庙,以及祖考 [祖考$^{(+5)>>>+N}$/大祖$^{(+5)>>>+N}$/始祖$^{(+5)>>>+N}$] 庙,即由"四亲庙"加上"祖考/大祖/始祖"之庙组成五庙,两者间是没有祧(庙)的位置。而这是因为后稷之庙即"祖考/大祖/始祖"之庙,亦是祧庙。唐兰的周王室五庙制有祧庙,不符周王室五庙制之定义及其常规。

2. 在厉王时代,懿王是厉王的王考(祖父$^{+2}$),而共王、孝王并为厉王的皇考(曾祖父$^{+3}$);懿王、共王、孝王皆在四亲庙范围之内;但是唐兰说"共、懿等王已为祧庙"。唐兰将王考(祖父$^{+2}$)庙、皇考(曾祖父$^{+3}$)庙定为祧庙,不符七、五、四庙制的定义与常规。在宣王时代,共、孝王为显考(高祖父$^{+4}$),懿王为皇考(曾祖父$^{+3}$),三者还都在四亲庙范围之内。唐兰说他们为祧,显然有误。

3. 唐兰说"京宫"和"康宫"的并列,每一宫实际都包括五宫,那么二五应该是一十,即十宫(庙)制,而非五宫(庙)制。事实上,京宫内即使供奉五位祖先王,然而这只是五座神主在京宫内,还是京宫内有五座庙或五座宫,此一问题含混不明。再者,如上引《敌簋》所示,厉王时代,在成周有大庙,作者以为其祀首是文王、武王,那么"京宫"和"康宫"和"成周大庙"纠缠在一起,庙数又该怎么算? 但不论再怎么算,都不会是"五"这个数字。

4. 唐兰认为太王是始祖,康王也是始祖,又说"可能还有更远的始祖,如后稷、公刘等,在金文里没有见到"。以唐兰之理推之,任何一位周王室的直系祖先都可以称为始祖,但如果金文中没有见到,就不算,所以在唐兰二个并列的五庙制中,有周人的二位始祖:一是太王,一是康王。
事实上,"始祖"是一个家族(王家或世家)的第一代祖先,而且理则是这样的:是第一

---

① 唐兰:《西周铜器断代中的"康宫"问题》,《考古学报》1962年第1期,第22页。
② 唐兰:《西周铜器断代中的"康宫"问题》,《考古学报》1962年第1期,第26页。

代就不能是第二代或其他任何一代。反过来也是如此：不是第一代的祖先就不能被称为始祖。唐兰对"始祖"一词的用法是不可从的。周人的始祖为后稷乃著之于史书，并且在《诗经·大雅·生民之什·生民》《诗经·大雅·荡之什·云汉》《诗经·周颂·清庙之什·思文》中，他的身份皆被提及，而最明显的莫过于《诗经·鲁颂·閟宫》曰："后稷之孙，实维大王……皇皇后帝，皇祖后稷。"作者以为不能因为金文里没有见到后稷就可以换成后稷的子孙作周人的始祖。事实上，从后稷到历代周天子皆在此百世不迁之大宗嗣系中，从未有任何一位周天子曾以"别子为祖"方式自成小宗的"大祖$^{+5}$/祖考$^{+5}$/始祖$^{+5}$"。就作者来看，太王在京宫的地位，康王在康宫的地位或可以"祀首"称之，而不能以"大祖/祖考/始祖"称之，因为他们不是周天子百世不迁之大宗的始祖，亦非王室小宗的始祖。

(四) 小结

唐兰考证康、昭、穆、夷、厉等王的宫、庙、室存在于西周铭文中是可从的，但他的西周王室五庙制和周康王为始祖之说不符史实暨理则，是难以成立的。事实上，从周金文及传世文献来看，《礼记》所记的七、五、四庙制是不存在于两周时代。然而，两周时代的王室或诸侯世家之庙制中，亦存有构成七、五、四庙制说的部件，这也是本文接下来要探讨的主题。

四、《礼记》七、五、四庙制成说部件之探索

在上文中作者已充分说明了《礼记》所记七、五、四庙制不实存在于两周时代的周王室暨诸侯世家，而只不过是先秦时代儒家弟子一种主观的设想，并传诸秦汉及后世。现在要问，既然在先秦时代未曾施行或实存过所谓的七、五、四庙制，那么孔门弟子是凭空捏造，还是另有所本？

其实《礼记》所谓的七、五、四庙制，从理论上来说，就是主张（周）王室乃为其祖先建立了七或五或四座庙（宗），借此直接地来规范王公贵族世家祭祖的庙（宗）数，同时亦间接地规范了王公贵族世家宗亲嗣系的级数，以及其大小分支（宗）的进程。换言之，各类祖先的庙就是儒家弟子所论述的宗法的一部分，系属宗法制度的"硬礼"，而七、五、四庙制亦就是儒家弟子经拼凑曾行之于两周时代的、内建于个别或零散宗法硬件中的软件，即相关的仪规措施，并以之为部件，主观地成套组装出来的制度。《礼》家的七、五、四庙制是理论而非史实。现在来探讨构成七、五、四庙制说的这些部件。

(一) 形成庙制之部件

虽然七、五、四庙制是理论，但亦非孔门弟子凭空捏造出来的。作者以为形成《礼》家庙制说的软硬件至少包括以下七种实际存在过的措施或部件：

1. 文王、武王之庙。按，文、武二王为受命、受民克商之君。此一传统在周初底定，二王乃为西周历代君王所仪型，地位不变。二王之庙或被两周及后代《礼》家引以为七庙制中的二祧（远）庙，定性为不迁或不毁之庙的原型。系属形成庙祧制说的硬件部件。

2. 三坛同墠。此为周公为武王之疾向太王、王季、文王祈祷而立的。此举乃创立了周人坛、墠之雏形。两周及后代《礼》家并以"去祧为坛，去坛为墠"重新定义坛、墠，且将之纳为广义庙制的硬件部件。

3. 始祖(后稷)庙之设立。周人为始祖后稷设庙。《诗经》及《史记》皆载后稷为周王室始祖,又春秋时代孔子曾前往成周王城"太祖后稷之庙"观光。后代《礼》家言周人始祖后稷庙,乃理所当然,亦系形成庙制说的硬件部件。

4. 昭穆。昭穆之制乃于克商之前即为周人所施行。《左传·僖公五年》记"大王之昭""王季之穆",《左传·僖公二十八年》记"文之昭""武之穆"。换言之,在克商之前,周人即以古公亶父(太王)为穆行,王季为昭行,文王为穆行,武王为昭行。后人将以昭穆订父子行辈关系之制度,扩及父子在宗祧中之排次及位序。由于七庙制中的二祧庙与文王及武王的庙结合,二祧因此也可能有一部分是源自昭穆的。

5. "姓、宗、族"三级亲属组织。《左传·定公四年》记"怀姓九宗",《左传·昭公三年》记"胙之宗十一族",由此可见姓是大于宗且包含宗的亲属组织,而宗是大于族且包含族的亲属组织。《左传·襄公十二年》记:"秋吴子寿梦卒,临于周庙,礼也。凡诸侯之丧,异姓临于外,同姓于宗庙,同宗于祖庙,同族于祢庙。是故鲁为诸姬,临于周庙,为邢、凡、蒋、茅、胙、祭临于周公之庙。"《左传》这段文字显示周人乃以"宗庙、祖庙、祢庙"来对应"同姓、同宗、同族"的三级亲属组织。后人且在此一架构中制定其亲属、丧服以及大小宗分支法则。《左传·隐公八年》记:"天子建德,因生以赐姓,胙之土而命之氏,诸侯以字为谥,因以为族,官有世功,则有官族,邑亦如之。""姓、宗、族"三级亲属组织,在周代亦可以赐姓命氏方式形成。

6. "宗亲"范畴的确立。《尔雅·释亲》之所记大约反映周代的亲属称谓系统。其"宗族"章列有尊一至四世(辈)的直系暨旁系祖先及其子弟的称谓(参见图三),此一范畴与《礼记·大传》所曰"四世而缌,服之穷也。五世祖免,杀同姓也。六世,亲属竭矣"所揭示的亲属范畴相同,而此范畴亦即周人所认定的"宗亲(含同宗与同族亲属)"或"五服"制的范畴。唯《尔雅·释亲》又记与己平辈之己之尊五世祖之后代为亲同姓(参见图三),即同姓但不同宗、族之亲属,以套配周人"姓、宗、族"的三级亲属组织。

7. "五世而迁之宗"的原则。此乃两周时代王公贵族世家嗣系大小宗分支之进程。春秋时代鲁国的三桓、郑国的七穆便是循此原则自公室分支出来的小宗。按《礼记·丧服小记》曰:"别子为祖,继别为宗,继祢者为小宗。有五世而迁之宗,其继高祖者也。是故,祖迁于上,宗易于下。"这是在说小宗从大宗分支出来需要有五个世代的结构,而这五个世代便是"己^0、父$^{+1}$、祖父$^{+2}$、曾祖$^{+3}$、高祖$^{+4}$"。"己^0"这一世代含己^{0}及己^{0}之兄弟(其他的世代亦同含其兄弟)。设若己^{0}为宗(嗣/世)子,由于己^{0}之辞世,神主入庙,成为己子之父$^{+1}$,而己子则继承己之身份地位,成为新一代的宗(嗣/世)子,这时己^{0}原来高祖$^{+4}$的神主便须迁出原来$^{+4}$的位置(由于己神主之入庙,使原来高祖的辈分在己之宗庙中加多了一世/辈)。然而,由于此时己之兄弟可从己之宗(嗣系)分支或独立出来(当然需经过一定的同意程序),原来己^{0}之高祖$^{+4}$仍为己^{0}之兄弟的高祖,便由己^{0}之兄弟奉入其新独立(分支)出来的宗(嗣系)的宗庙,而这就是所谓的"五世而迁之宗,其继高祖者也。是故,祖迁于上,宗易于下"。

以上7点便是《礼记》七、五、四庙制成说的部件,1—3项系属硬件,4—7项系属软件。事实上,这些部件也就是目前所能考知的两周时代宗祧制度的主要内容。现在以列表打钩方式来显示七、五、四庙说,其成说部件的异同(见表二)。特别要指出的是:某种庙制的理论往往可就其成说的部件看出它成说时代的上下限和接近史实的程度。以下依序讨论七、五、四庙制之成说部件及时代。

表二 《礼记》七、五、四庙制之成说部件

		文王、武王之二祧庙	周公所立坛墠	设立始祖之庙	父子昭穆之序	姓宗族之区分	确立之宗亲范畴	五世而迁之宗
七庙	《王制》	x	x	✓	✓	(✓?)	(✓?)	(✓?)
	《祭法》	(✓)	✓	✓	(✓)	✓	✓	✓
五庙	甲式	x	x	✓	✓	✓	✓	✓
	乙式	x	x	✓	✓	✓	✓	✓
四庙		x	x	(?)	(✓)	x	✓	✓

(二)七庙制之成说

首先来看七庙制的成说。作者在第一节中指出,《王制》《祭法》并言七庙制,唯《祭法》又细分七庙为五类考庙,及二祧庙外加一坛一墠,而《王制》则未予细分。《王制》明言庙有昭穆之分,但《祭法》未明言庙之昭穆。事实上,周代君王自太王以来便有昭穆排行,这是历史事实,所以上表中,作者在七庙之昭穆与《祭法》交叉的格子中所标"✓"号外再加上括号,以表示《祭法》未明言不表示不知有昭穆之序。再者,《祭法》虽然没有明言二祧乃文王、武王之庙,但实际上二王乃受命受民克商之君王,始终为周人所仪型,未见后人以他王取代二者在宗庙系统中的地位,所以《祭法》的二祧庙当即文王、武王二庙,故亦以"✓"表之。《王制》言"天子七庙,三昭三穆,与大祖之庙而七",明显未言祧庙和坛墠,故以"×"号表之。至于姓、宗、族和《尔雅·释亲》所确立的宗亲范畴暨五世而迁之宗等制度行之于周代有时,故以"✓?"之"✓"表《王制》虽未明言,但认同,如郑注、孔疏所示。由于刘歆对《王制》七庙制提出异说,故以"✓?"表之。

从上表之分析可看出《祭法》之七庙制乃各庙制说中部件最多的,而这又表示它与实际行使于两周时代某一段期间的宗法及宗庙制度差距较小,虽然它仅是儒家子弟的一种主张,但它的成说时代应去这个时代不远,或有可能是在春秋时代晚期,即出自孔门第一、二代弟子之手。它且因此得为秦汉时代的士大夫信以为一种行之于周代的古制,例如《史记·秦始皇本纪》记秦二世元年(前209年)"令群臣议尊始皇庙,群臣皆顿首言曰:古者天子七庙,诸侯五、大夫三",又如《汉书·韦贤传》记韦玄成于西汉元帝(前49年至前33年在位)时代论皇家宗庙制时指出"周之所以七庙者,以后稷始封,文王、武王受命而王,是以三庙不毁,与亲庙四而七。非有后稷始封,文、武受命之功者,皆当亲尽而毁"。东汉时代的儒者如班固、卢植、何休、郑玄等亦从之。① 换言之,汉代儒者所谓周的七庙制乃以"一祖二祧四亲庙"的形式出现;一祖即指后稷庙,二祧即指受命且克商的文王、武王之庙,

---

① 参见郭善兵:《中国古代帝王宗庙礼制研究》,人民出版社,2007,第22—23、168页。

四亲庙即王之尊四代祖先之庙。这与《祭法》所记的"王立七庙,一坛一墠,曰考庙,曰王考庙,曰皇考庙,曰显考庙,曰祖考庙;皆月祭之。远庙为祧,有二祧"几乎相同,仅省略了"一坛一墠"。事实上,西汉皇室一度行汉高祖为一祖、文帝太宗、武帝世宗为二祧(即以庙号中有"宗"字者的庙为祧庙),此三庙不毁,合亲庙四的七庙制。① 作者因此以为《祭法》所记的七庙制第一次真正地在现实世界中施行是在西汉下半叶(按,西汉诸帝世系乃:高祖＞惠＞文＞景＞武＞昭＞宣＞元＞成＞哀＞平＞更始帝,共十二世。元帝为第八任,其前有七世,恰可成就七庙制)。

作者在上文中已提及《王制》与《祭法》七庙说法不同——《王制》虽言七庙制,然而不仅省略了"一坛一墠",且更不提及"二祧"。此一表述之不同,或可如孔疏,视二者实质上是在指谓同一件事;不过,西汉刘歆则视《王制》的说法在实质上是与《祭法》不同的另一种七庙制。

《王制》"三昭三穆与大祖之庙而七"的七庙制说,在西汉哀帝(前7年至前1年在位)时,经过刘歆的诠释,成为"始祖庙一与亲庙六(1+6=7)"这样的组合,即以帝王的大(始)祖庙为始祖庙,并以帝王之三昭庙三穆庙为六亲庙,合共七庙。刘歆宣称"七者,其正法数,可常数者也。宗不在此数中"②,而这与《祭法》之"一祖二祧(宗)四亲庙"即"1祖考庙＋2祧庙(1昭祧庙＋1穆祧庙)＋4亲庙(2昭亲庙＋2穆亲庙)＝七庙"亦即"1+2{1+1}+4{2+2}=7",不同之处乃在刘歆的《王制》以二世(皇高祖$^{+5}$、太皇高祖$^{+6}$)亲庙取代了原有的文武二祧。(参见图三)要之,刘歆将《祭法》的祧庙定性为亲庙。在此特别要指出的是:虽然孔疏同样依据《王制》之"三昭三穆与大祖之庙而七"说七庙制,但孔疏认为三昭之中一为祧庙,二为亲庙,三穆之中一为祧庙,二为亲庙,与大(始)祖合共七庙,即以"3(1+2)+3(1+2)+1=7"之方式表七庙制。刘歆则否定三昭三穆中含有一昭及一穆祧庙,刘歆认为此三昭三穆皆系亲庙。

在《祭法》之四亲庙制下,王亲只可含四级旁系亲属(参见图三),但在刘歆之《王制》六亲庙制之下,王亲可扩及第六级旁系亲属。刘歆之所以将七庙制诠释为"大(始)祖庙一与亲庙六"乃因为到了哀帝(前6年至前1年)时,外戚王莽大量引进其家族成员占据官职,窃取皇权。哀帝实行刘歆的六世亲庙说,旨在将汉室宗亲从传统所认定的含四级旁系亲属扩大至可含六级旁系成员,以使汉宗室加大,即欲以加多两代刘家皇亲的朝政参与的方式,在量上来制衡或对抗外戚王莽家族之掌控朝政。③

其实刘歆及哀帝所扩增的这二世(代)亲庙及因此而加多的二级(世代)旁系亲属,依照《丧服小记》之算法,已归入"以三为五,以五为九。上杀,下杀,旁杀,而亲毕矣"的"亲毕矣"即"亲属关系终止了"的范畴之中。换言之,"大(始)庙一与亲庙六"的七庙制与行使于

---

① 同上书,第134—136页,郭善兵以为在西汉元帝时代,此一祖二宗之制渐具雏形。
② 此乃《汉书·韦贤传》记西汉成帝崩,哀帝即位,群臣以亲尽为由议废"世宗"孝武帝庙,刘歆(及太仆王舜)之所言,论说死后具有"宗"此一名位之君王,其庙不毁,且不在七庙之常数中。刘歆引《王制》并以此一主张对七庙制提出了不同于《祭法》的阐述。
③ 郭善兵对刘歆之议有细节讨论,见其所著《中国古代帝王宗庙礼制研究》,第138—143、148、151页。

两周时代五世而迁之宗,及相关的丧服制度是不能套配或并存的。刘歆未以两周时代的宗法制度来诠释《王制》,反而像是专为扩大汉家皇亲的范畴而立说的。事实上,《王制》之七庙制未言及"祧"庙,这的确方便了刘歆立"亲庙六"之说,但是六世亲庙制与五世而迁之宗的传统显然是不能并存的,因此《王制》有关七庙之说辞是否是先汉时代之文本,抑或是在刘歆时代,特为哀帝对抗外戚王莽而订定的章句,不禁令人起疑。

(三)五庙制之成说

作者在延第三节(二)比较《礼记》与文献及铭文所见的周庙制中,已经说明两周天子未行五庙制。但在另一方面,《王制》《祭法》言及诸侯立五庙。换言之,儒家弟子又主张两周时代诸侯行五庙之制(且含辨昭穆之序),而诸侯"始封君之庙"当系该诸侯国五庙,即"考(父$^{+1}$)庙、王考(祖父$^{+2}$)庙、皇考(曾祖父$^{+3}$)庙、显考(高祖父$^{+4}$)庙、祖考$^{+5}$(大祖$^{+5}$/始祖$^{+5}$)庙"五庙中的"祖考$^{+5}$(大祖$^{+5}$/始祖$^{+5}$)庙"。此一庙制即作者于第二节(二)中所言的五庙制的甲式。

事实上,对儒家弟子诸侯立五庙之说,要在现实中找到证据是有困难的。按,鲁始封君为周公,但是鲁国有周公之父周文王的庙;郑始封君为王子友,但是郑国有王子友之父周厉王的庙;宋始封君为微子启,但是宋国有微子启之父商王帝乙之庙。换言之,这几个诸侯国或乃"祖"始封君之父且为天子者。关于此一现象,孔颖达于《王制》"诸侯五庙"之下疏曰:

> 故诸侯不敢祖天子。若有大功德,王特命立之则可,若鲁有文王之庙,郑祖厉王是也。鲁非但得立文王之庙,又立姜嫄之庙及鲁公、武公之庙,并周公及亲庙,除文王庙外,犹八庙也。此皆有功德特赐,非礼之正。此始封君之子得立一庙,始封六世之孙,始五庙备也。若异姓始封,如太公之属,初封则得立五庙,从诸侯礼也。

孔疏指出一般的或异姓的诸侯于初封则得立五庙,但是若有大功德,王特命立之,则可再立始封君之父且为天子者之庙,如郑周厉王、鲁文王之庙。不过,本条孔疏指出鲁国除了有文王庙、周公庙、亲庙(4座)之外,尚有鲁公(伯禽)庙、武公(敖)庙以及姜嫄之庙等共九座常设性的庙。若再依据《左传·定公五年》之记录鲁国于定公时又立有炀公熙(鲁公伯禽子)之庙(定公去炀公计十五世),及《左传·哀公三年》之记录鲁桓公、鲁僖公之庙在鲁哀公时尚且存在(哀公去桓公、僖公计八及六世)。如此,鲁于九庙之外至少还要加二,为十一座庙。再者,鲁国庙制中又有"二祧"的因素存在,如《礼记·明堂位》曰"鲁公之庙文世室也、武公之庙武世室也",即言鲁公伯禽及鲁武公敖的庙(世室)乃比照周文王、周武王二远庙之制所设置的,是鲁之二祧。这样考证下来,真不知鲁国的庙制究竟为何,但可以确定的是:鲁国不行五庙制。事实上,以"周礼尽在鲁"的鲁国尚且未行五庙之制,其他姬姓诸侯之国就更难说了。

至于宋国的庙制,孔疏曰:

> 王者之后,不为始封之君庙者,以其始封之君非有功德,惟因先代之后以封之,不得为后世之大祖,得立此君所出王者之庙,必知然者,以经传无文云微子为宋之始祖故也。而

《左传》云"宋祖帝乙"是也。若二王之后,郊天之时,则得以远代之祖配天而祭,故《礼运》云:"杞之郊也,禹也。宋之郊也,契也。"

孔疏指出宋不以始封君微子启为大祖(始祖/祖考)之理由是他仅系身为先代之后人,并没有功德,所以不得为宋之大祖,孔疏且言"宋祖帝乙"见于《左传·文公二年》。按,周为使商不绝祀,立微子启于宋以继商祀。如果进入了周代,作为商人后裔的宋,或实行了五世则迁暨分大小宗的宗法,那么宋的庙制当以立五庙为原则,但是由于宋祖帝乙,而非祖微子启,所以其五庙应该非为甲式,而是乙式的,即"考($父^{+1}$)庙、王考($祖父^{+2}$)庙、皇考($曾祖父^{+3}$)庙、显考($高祖父^{+4}$)庙、祖考$^{(+5)>>>+N}$[大祖$^{(+5)>>>+N}$/始祖$^{(+5)>>>+N}$]庙"的五庙制。事实上,祖考$^{(+5)>>>+N}$[祖之$^{(+5)>>>+N}$]中可包括帝乙以上任何一代商王祖先,所以《礼运》所说"宋之郊也,契也"的契自然在内。如此,理论上来说契以下任何一位先公先王都可以接受宋人之祭。不过,到目前为止,无论是地上或地下,皆无足够的数据足以显示宋公室庙制实际的情状,但可以确定的是:宋亦非行五庙制。按,宋为商后,礼制较具规模;宋不行五庙制,其他非姬姓国更不可能施行了。

要之,孔门弟子主张的五庙制,既未行于两周王室,亦未行于当时之诸侯,但是,西周及春秋时代之礼制,如立始祖之庙、昭穆之序,姓宗族三阶亲族组织,确立宗亲范畴及五世而迁之从大宗分出小宗的法则等,皆可与五庙之制套配。由此可知,五庙制之成说或与七庙制之说同时,也有可能稍晚,即可能出自春秋晚期孔门第二或三代弟子之手。事实上,《祭法》言天子七庙同时言诸侯五庙(即作者指出的五庙制甲式),而《文王世子》言"五庙之孙",主张"天子五庙"(即作者指出的五庙制乙式),而此天子之五庙未含文、武二祧庙,亦不扩及坛、墠(见表二)。显然五庙制乙式较七庙制减少的是远庙及更远的祖先的祭祀。五庙制乙式这一点与七庙制的不同,有可能反映其说形成时代上的不同。换言之,《文王世子》之成篇有可能在《祭法》之后(所以可以不必去祭远祖);五庙制甲式与《祭法》七庙制同时成说;而五庙制乙式即《文王世子》之五庙制,则晚于五庙制甲式之成说,但也有可能《文王世子》与《祭法》着于同时,但出自不同的弟子之手。

(四)四庙制之成说

四庙制之说仅见于《礼记·丧服小记》"王者禘其祖之所自出,以其祖配之,而立四庙,庶子王,亦如之"一句之中。对照本句之上下文,明显地可以看出言及四庙制是为了套配其上文"亲亲以三为五,以五为九。上杀,下杀,旁杀,而亲毕矣"及其下文"别子为祖,继别为宗,继祢者为小宗。有五世而迁之宗,其继高祖者也。是故,祖迁于上,宗易于下"。〔关于这两段文字的辞意,作者在第三节(二)中已经作了细节的讨论〕

虽然,作者在第三节(三)亦有言:四庙制与先秦文献及铭文所见的周庙制不兼容的道理,基本上和七、五庙制之所以不兼容于现实中是一样的:(1)在史实中,两周王室及诸侯(以鲁、卫、宋为例)实际庙数都不符七、五、四之数;(2)未见周王室及诸侯有毁庙之制度。但是在这里作者要特别指出的是,《丧服小记》这两段上下文不啻显示了在四庙制成说时代,统治阶层的亲属组织结构与五或七庙制成说时代有相当的差异。

四庙制的四庙为考($父^{+1}$)庙、王考($祖父^{+2}$)庙、皇考($曾祖父^{+3}$)庙、显考($高祖父^{+4}$)庙,较五庙制少了一座"祖考$^{+5}$/大祖$^{+5}$/始祖$^{+5}$"之庙(此为甲式),或少了一座"祖考$^{(+5)}$>>>+N/大祖$^{(+5)}$>>>+N/始祖$^{(+5)}$>>>+N"之庙(此为乙式)。换言之,四庙制是不为"始祖(祖考/大祖)"立庙的,四庙制中位阶最高的庙为"显考(高祖父$^{+4}$)"之庙。相对于五或七庙制皆立有始祖之庙,四庙制此一不同对其成说时代的考证是十分重要的。

在第二节(三)中作者细节讨论了四庙制与五庙制主要的不同乃在亲人的计算,即四庙制只认到一己"同宗"的亲人[因为其位阶最高的庙为"显考(高祖父$^{+4}$)"之庙],而五庙制不仅计算同宗亲人,尚将"同姓"亲人即"亲同姓"计入亲人的范围(七庙制亦认同姓亲人)。换言之,四庙制与五或七庙制最大的不同点便是在四庙制不认为同姓者是亲人,与五或七庙制不同。事实上,此一不同即战国时代和两周时代亲属制度的不同。在两周时代认同姓者为亲人的机制是存在于周天子庙制中,作者于第四节(一)形成庙制之部件中引《左传·襄公十二年》所记"秋吴子寿梦卒,临于周庙,礼也。凡诸侯之丧,异姓临于外,同姓于宗庙,同宗于祖庙,同族于祢庙。是故鲁为诸姬,临于周庙,为邢、凡、蒋、茅、胙、祭临于周公之庙"以为佐证。这段文字显示周人乃以"宗庙、祖庙、祢庙"来对应"同姓、同宗、同族"的三级亲属组织;周天子的宗庙是为姬姓的同姓诸侯国而设立的,例如出自太王的吴,出自文王的鲁、卫、管、蔡,出自武王的晋,出自厉王的郑等等诸姬姓之国的统治阶层,他们彼此之间都是同姓亲人,他们出自同一始祖——后稷,周天子宗庙中位阶最高的神主。

姬姓是两周时代最大的姓,姬姓之国至少有数十个。在两周时代一名贵族不仅有姓尚且有氏(氏也可以用来称呼诸侯或贵族世家),姓是大于氏的一种血亲组织,同姓的男女是不可以通婚的。陈槃先生于《春秋大事表列国爵姓及存灭表撰异》一书中,曾考证了两周时代的将近二百个国家,其国君世家之姓共 34 个,如姜姓的齐、许、申、吕、纪、州,子姓的宋、杞、萧,嬴姓的江、黄,等等。然而姓这一级的亲族组织,到了春秋晚期却濒临崩解。《左传,昭公三十二年》记:"社稷无常奉,君臣无常位……三后之姓,于今为庶。"这段文字乃是晋国一位名为"墨"的史官,目睹鲁昭公为其臣下季氏逐出国门,死在国外,而说出来的。"三后之姓"杜注曰:"三后,虞、夏、商。"史墨有见于春秋末期"万乘之国弑其君者,必千乘之家;千乘之国弑其君者,必百乘之家"(《孟子·梁惠王》),原本由老旧的姓族上层所执政的国家,因陪臣夺权篡位,纷纷解体,乃发此言。史墨同时也预告了晋此一姬姓之国亦将循例而亡。事实上,当三家分晋,晋这个两周时代最大的姬姓之国灭亡,史家便宣告春秋时代的终结,战国时代的开始。此时,虽然周王仍然在位,但已无所谓的姬姓诸侯国,即无"凡诸侯之丧,异姓临于外,同姓于宗庙"之事,亦无所谓的"亲同姓"这一类的亲人了。此一客观的历史事实为四庙制理论提供了在现实中的依据。总之,作者以为只有当姓族组织在社会中消失了后,四庙制立说的时机方才成熟,所以四庙制之成说应当是在战国时代。

五、商周两代宗祧制度之比较及其因革之考察

在《殷契释亲》一书中,作者对商代的庙制作出了细节的研究,且数度论及其与周制的

若干差异①,唯限于写作主题,在该书中仅简略语及两代之宗祧。在本文中,作者拟以庙祧制之成说部件为要点,对商周两代相关制度及其因革作一较深入的考察。

作者在本文第一节中指出祧字的本义乃作宗庙,而表远庙、迁主所藏之庙、大(始)祖之庙这三义当系祧字在先秦时代后起的词用,且由于汉语的特性使然,祧字亦可用来指称远庙之主、迁主、大(始)祖之主等;唯祧字仅见于传世经籍,未见于先秦出土文本。事实上,不仅在商代的甲金文本中未见有祧字的存在,在商代的现实中亦未见到作为祧庙的远庙、迁主所藏之庙,以及大(始)祖之庙的存在。换言之,在商代是没有如儒家《礼记》中所言的祧制。

现在先来看与商代"始祖"及其祧庙相关的问题。

依据《史记·殷本纪》"殷契,母曰简狄,有娀氏之女,为帝喾次妃。三人行浴,见玄鸟堕其卵,简狄取吞之,因孕生契"、《诗经·商颂·长发》"有娀方将,帝立子生商"、《楚辞·天问》"简狄在台,喾何宜?玄鸟致贻,女何喜?"等项记载,当代学者大多认同喾或帝喾是商人的始祖,而商人始妣有娀氏之女简狄是喾的次妃,亦是契,商人第二代祖先的生母。(参见图六)

喾>>>契>>>昭明>>>相土>>>昌若>>>曹圉>>>振(王亥)>>>微(报甲/上甲)>>>>报乙>>>报丙>>>报丁>>>主壬(示壬)>>>主癸(示癸)>>>

天乙、汤(大乙、唐)

图六 商代世系图之一"商汤建国前的传说时代"②

王国维考证甲骨文中的高祖夒《屯》4528、《合》30398便是《殷本纪》《天问》中的喾,大多学者从之,但也有学者以为高祖夒是契③;不过,作者以为无论高祖夒是喾或是契,在商代甲骨文中冠以"高祖"的商人先祖,严格地来说,都不能名之为商人的"始祖/大祖/祖考"。这是因为:

1. 《尔雅·释亲》曰"父为考……父之考为王父……王父之考为曾祖王父……曾祖王父之考为高祖王父",高祖$^{+4}$在《尔雅》的亲称系统中位居己^{0}尊四世(父$^{+1}$、祖父$^{+2}$、曾祖$^{+3}$、高祖$^{+4}$)的位置。但是始祖/大祖/祖考乃位居于(甲式)己^{0}尊五世(父$^{+1}$、祖父$^{+2}$、曾祖$^{+3}$、高祖$^{+4}$、始祖$^{+5}$/大祖$^{+5}$/祖考$^{+5}$)的位置,或位居(乙式)己^{0}尊五世及以上任何一世{父$^{+1}$、祖父$^{+2}$、曾祖$^{+3}$、高祖$^{+4}$、祖考$^{(+5)>>>+N}$[大祖$^{(+5)>>>+N}$/始祖$^{(+5)>>>+N}$]}的位置。简言之,在《尔雅》或儒家《礼记》中,高祖是尊四辈的祖先,始祖是尊五辈或尊五辈以上任何一辈的祖先。准此,甲骨文中的"高祖"一词是不得订为"始祖/大祖/祖考"的。

2. 在商甲骨文中,人名之前冠以"高祖"的,尚有高祖王亥(《合》32083、32916)、高祖

---

① 见赵林:《殷契释亲:论商代的亲属称谓及亲属组织制度》,上海古籍出版社,2011,第318、442、443、454页。

② 本图依据《史记·殷本纪》制作,唯于括号中加入该人名于甲骨文中的对应,并依据甲骨文调整了报乙之位序。参见董作宾:《五十年考订殷世系的检讨》,载《平庐文存》上册卷三,第39页。原载《学术季刊》1:3 (1953)。

③ 参见常玉芝:《商代宗教祭祀》,中国社会科学出版社,2010,第196页。

河(《合》32028)、高祖上甲(《屯》2384)、高祖乙(《合》32447、32448)。① 按,王亥、上甲及大乙等三人的辈分互不同,且皆低于夒。由此亦可见甲骨文中的高祖并非指谓辈分最高的"始祖/大祖/祖考"的专称。

甲骨文中高祖一词之所指当与《尚书·商书·盘庚》"古我先王将多于前功,适于山……肆上帝将复我高祖之德,乱越我家",及《尚书·周书·康王之诰》"今王敬之哉!张皇六师,无坏我高祖寡命",以及西周时代殷遗民微氏家族之《史墙盘》铭(《集成》10175)"静幽高祖,在微灵处,粤武王既殀殷,微史烈祖乃来见武王"等句中的高祖相当,乃指称帝王或世家的"先公远祖们"。再者,他们在商代亦可被泛称为"多高",如在晚商《毓祖丁卣》铭(《集成》5396)"辛亥王在廙,降令曰:归祼于我多高……"一句中。

不过,"先公远祖们"或"多高"是可以包括始祖的,因为始祖是他们之中的一分子,且是高祖中辈分最高之高祖。《左传·昭公十七年》"秋,郯子来朝,公与之宴,昭子问焉,曰:'少皞氏鸟名官,何故也?'郯子曰:'吾祖也,我知之……我高祖少皞挚之立也,凤鸟适至,故纪于鸟,为鸟师而鸟名。'",这段文字中的高祖即有辈分最高之高祖,即始祖之意涵。又,战国时代的《陈侯錞》铭文(《集成》4649)有言:"皇考孝武桓公恭哉……扬皇考昭统,高祖黄帝……"陈侯在铭文中颂赞其皇考桓公并言要承继其高祖黄帝之嗣统;陈侯用"高祖黄帝"一词显然并非意指黄帝是他尊四代之男性祖先如《尔雅·释亲》所言的"高祖[+4]",而是指作为"先公远祖"之一的最高的高祖,即始祖。再者,在商王室五位高祖中的高祖上甲和高祖乙又分别为"大宗"、"小宗"这两座集体性的庙的祀首,而大、小宗象征着商王嗣系两个不同的阶段(详下),因此,商人的高祖一词似乎又有阶段性始祖的意涵。要之,商人的高祖一词系指商人的"先公远祖们",其内可含各个时段的始祖和不同辈分的先公远祖们,但高祖不等于始祖,后者乃指称在起始之奇点的那一位祖先。

商卜辞显示商人曾为高祖夒、高祖河、(高祖)大乙建有宗(庙),如:

1. 贞:王其酒于夒右宗,有大雨?(《合》30319)

2. 贞:酚……大乙宗?(《合》32868)

3. 贞:于南方将河宗?(《合》13532)

4. 辛巳卜,贞:王亥、上甲即宗于河?(《屯》1116)

夒的宗(庙)可能在右,所以称右宗;大乙之宗(庙)则冠以大乙之名以为辨识;第3条卜辞贞问在南边将祭(高祖)河;第4条卜辞问王亥、大甲"即宗于河",当即在问二者是否合食于(高祖)河之宗(庙)。

作者以为夒、大乙和河的宗(庙)都不能定为商人始祖的祧庙,个中道理至为单纯,因为始祖(在起始之奇点的祖先)只有一位,不能三位同时为商人的始祖。而且始祖之庙,还

---

① 学者或以为商卜辞中的高祖河三字当读为"高祖、河",常玉芝认当读为"高祖河",又,学者以为"岳"亦系商人高祖。岳有"岳宗"(《合》30298),作者存疑,参见常玉芝:《商代宗教祭祀》,第173—177页。又,作者据"高妣丙"乃大乙(汤)之配,认为"高祖乙"乃高祖大乙,即汤,非为"高祖祖乙";参见赵林:《殷契释亲:论商代的亲属称谓及亲属组织制度》,第50页。作者且在《尔雅·释亲》与《甲金文所见殷商亲属称谓制之比较研究》,《中国文化大学中文学报》2014年,第15—16、29—30、34、37—38、46—50、53—55页中,对商、周"高祖"一亲称之不同有细节论述。

要具有如《仪礼·聘礼》"不腆先君之祧"一句郑注所言"迁主所在曰祧"之功能。也就是说"先公远祖们"或"多高"的神主可藏于此始祖之祧庙中。然而,商卜辞中夒、河、大乙的宗(庙)系属个人是很明显的,而王亥、上甲虽然可合食于河之宗(庙),但是由于上甲是商王室"大宗(庙)"的祀首(详下),所以上甲的神主不可能制度化地迁入河之宗(庙)。总之,这三座高祖的宗(庙)皆不具"迁主所在曰祧"、作始祖祧庙的性质。

上引郑注"迁主所在曰祧"一句之后,郑注又言"《周礼》天子七庙,文、武为祧",孔疏进一步地解说:"天子有二祧以藏迁主,诸侯无二祧,迁主藏于大祖庙。"作者在本文第二节中经已指出:《祭法》七庙制中二祧庙的位置是介于四亲庙(考$^{+1}$庙、王考$^{+2}$庙、皇考$^{+3}$庙、显考$^{+4}$庙)及祖考$^{+N}$庙之间的,而此二祧庙在周乃分别以文王、武王为庙主。如孔疏所言此二祧庙是用来藏迁主的,即当时王的尊四世先王(显考$^{+4}$)晋级为尊五世时,时王需毁其庙,并将原来尊三世的先王晋级为尊四世,而其(已毁庙的)神主,需依照其原本昭穆之序,迁入为穆的文王祧庙或为昭的武王祧庙,而这便是《礼》家所言周代七庙制中,作为远庙、迁主所藏的二祧庙。但是,商代是没有这种祧庙制的,商王室是没有毁庙迁主之庙制的;商王个别远祖先王的庙和个别近祖先王的庙是并存的;没有一位商先王的庙被毁并将其神主迁入他位先王之庙的。

在中晚商卜辞中有各代直系先王个人的宗(庙)存在的记录,如:A^{1}大乙$_1$宗(《合》32868)。王名前之数字为世代,其后的数字为位序,下同;又 A 代表庙号乙组,B 代表庙号丁组详下)、B^{2}大丁$_2$宗(《怀》1559)、^{3} A 大甲$_3$宗(《屯》2707)、B^{4}大庚$_5$宗(《屯》3763)、^{5} A 大戊$_7$宗(《屯》3763)、B^{6}中丁$_9$宗(《合》38223)、A^{7}祖乙$_{12}$宗(《合》32360)、^{8}祖辛$_{13}$宗(《合》58824)、A^{8}羌甲$_{14}$(《合》22911)、B^{9}祖丁$_{15}$宗(《合》30300)、A^{10}小乙$_{20}$新宗(《合》30334)、B 祖丁(^{11}武丁$_{21}$)宗(《怀》1559)、A^{12}祖甲$_{24}$旧宗(《合》30328)、B 康祖丁(^{13}康丁$_{25}$)宗(《合》38228)、A^{14}武乙$_{26}$宗(《合》36082)、B 文武丁(^{15}文丁$_{27}$)宗(《合》36157)。[卜辞中未见末二代商王,A^{16}帝乙$_{28}$、^{17}帝辛$_{29}$之庙,亦未见^{8}羌甲$_{14}$之庙;又历代商王庙号分组呈"ABABABA(A)B ABABAB"之序]

这些先王的宗(庙)并未因世代距离时王越来越远而被毁庙。事实上,上引第一代商王汤以下到第十二代商王祖甲的多座宗(庙),学者指出并见于第十三代商王康丁及其后的商王的卜辞中。① 这表示商人并无五世或任何一世而迁之宗的法则,而这也进一步地意味着商代亦无"迁主所在曰祧"的祧庙制。唯特别要指出的是:在周王室祧庙中只有祀首文王或武王之神主非为迁主,其他的皆当为迁主。商代虽然也有二座集(群)体的庙,即"大宗""小宗",它们或有类似作为集(群)体的庙祧的表象,但是在这二座集(群)体性质的庙中并无毁庙之迁主的存在,与《祭法》所言周王室的二祧在内涵上完全不同。再者,晚商时代的卜辞显示王室的大宗(庙)和小宗(庙)与上引历代直系诸先王的宗(庙)是并存的。换言之,一位商王的神主,可以同时存在于一己的宗(庙)中及集(群)体的宗(庙)中,此一现象与《礼》书中的祧制显然不同。

再者,商代的大、小宗制所蕴含的亲制与周代的宗(庙)制所蕴含的亲制亦是十分不同

---

① 参见常玉芝:《商代宗教祭祀》,第 484—491 页。又,赵林:《殷契释亲:论商代的亲属称谓及亲属组织制度》,第 89 页。

的。商卜辞曰:

5. ☑亥卜:在大宗,有礿伐三羌十小牢自上甲。
   己丑卜:在小宗,有礿岁自大乙。(《合》34047)
6. ☑戌贞:辛亥酒肜,……自上甲在大宗彝。(《合》34044)
7. 丁亥卜:在小宗有礿岁自大乙……宗……岁自上甲。(《合》34045)
8. ☑丑卜:在小宗有礿岁(自大)乙……(在大宗……)自上甲,六月。在小宗有礿岁自大乙……(《合》34046)

从第5、6条卜辞可得知商王室的大宗(庙)内的神主始自上甲,即其内祖先的神主始自商汤开国前第六代的先公上(报)甲,下及历代历任先公、先王的神主。这表示商王室认定商汤开国前六世先公(如图六:上甲、报乙、报丙、报丁、主壬、主癸)的后裔,以及自汤以降所有先王的后裔为王室之血亲。因此,大宗是商王室血亲组织的象征,也可以说是子姓的象征;而大宗(庙)所形成的嗣系,从祀首上(报)甲微向下延续至自帝辛纣,计有六世先公加上十七世先王合共二十三个世代的深度。商王室的大宗内亦涵小宗诸神主,大、小宗内皆无迁主。

商王室的大、小宗且有表征商王嗣系两个不同阶段的作用。商王室小宗(庙)内的祖先神主始自开国君王汤/大乙,汤/大乙是上甲以降至主癸六位先公的直系后裔,小宗内的供奉乃以汤/大乙之神主为祀首,下含历代历任先王之神主,而终于时王之父的神主。由于小宗内仅含先王神主,其后裔皆具君王血脉;小宗因而象征商王室本身,即商之"王族"。这与大宗内另含由先公之旁系后裔,即自报乙以降至示癸的五代旁系后裔所形成的子姓非王世(嗣)系,即"非王族"之地位是不同的。要之,商代的大、小宗结构明显地展示商王嗣系的两阶段及王族、非王族二合(或二分)的亲族关系,商代的大、小宗在名称上与周代的大、小宗相同,但是在实质上是不相同的。

如上引卜辞所示,商王室追认商汤开国前六世先公,并在大宗内设有此六世先公的神主。据此,作者在《殷契释亲:论商代的亲属称谓及亲属组织制度》一书中细节地分析商人"八世亲属竭矣",与周人"六世亲属竭矣"(《礼记·大传》)的亲属关系是不同的。[1] 作者另又指出这些非王族世(嗣)系成员与王族世(嗣)系成员,在商汤开国时期组成了子姓之下的,以上甲为共同祖先的,且各有五代深度的二合(或二分)偶族亲属组织结构,而这与周代姬姓内周天子为唯一大宗的亲族结构是不同的;作者并指出子姓二合偶族世世代代行双边交表及姊妹交换婚,而此一制度之运作,又反映在类似周代昭穆制的、商王名号的二分现象上。[2]

作者指出李宗侗以为昭穆便是原始部落之两部间,兄弟姊妹互相通婚之"婚级",李衡眉亦宣称昭穆乃"两合氏族"间,行"交表婚姻联盟"所产生的"婚姻类别"。[3] 作者并指出

---

[1] 见赵林:《殷契释亲:论商代的亲属称谓及亲属组织制度》,第134、138页。
[2] 同上书,第140—142、458—459页。
[3] 同上书,第443—446页。又见李宗侗:《中国古代社会史》,华冈出版有限公司,1977,第52—53页;李衡眉:《昭穆制度研究》,齐鲁书社,1996,第71—73页。

张光直发现商王的庙号显示"乙、丁"隔代出现的规律,并言此乃"殷王世系中的昭穆制"。①

商王室子姓内部二合(或二分)偶族的互婚,确实有使商王的庙号以乙(A组)丁(B组)隔代交替的方式出现,仅在第七、八、九祖乙、羌甲、祖丁这三个世代有脱序现象,即上述"ABABABA(A)BABABAB"中的A(A)B部分。周王室昭穆制则是因姬、姜二姓间世代行双边交表或姊妹交换婚制而产生的现象。周代的昭穆制亦曾出现脱序现象。《左传·僖公二十四年》和《左传·定公四年》并言"文之昭也""武之穆也",由此可知周天子的昭穆次第为太王(穆)、王季(昭)、文王(穆)、武王(昭)、成王(穆)、康王(昭)、昭王(穆)、穆王(昭)……按,依据太王以来的父子昭穆次第,周昭王当为穆,周穆王当为昭,但是这里应在穆行的却名为昭王,应在昭行的却名为穆王,显然周之昭穆在克商之后不过三世便出现脱序现象。史书未载自周穆王以降至东周诸王之昭穆位序,但《左传·文公二年》暨《国语·鲁语上》记鲁宗伯夏父弗忌拟于蒸祭时"跻僖公",其宗有司谏曰:"非昭穆也。"此事显示到了春秋时代,昭穆制仍为周及其同姓诸侯所遵行。事实上,及至近代,昭穆之序在部分较为传统的小区的宗祠系谱中依然可以看到。

虽然目前对昭穆在周昭王、穆王二世时脱序,及对乙丁在商之祖乙、羌甲、祖丁三世脱序之缘由,未能考知,但是基于两者皆表连续或间隔的二代,以及上下代间的父子关系,即使商周称谓不同,却仍可推定二者之间应当有传承或同源关系。

现在再来看作为周代宗祧制一部分的坛、墠。事实上,此二者之建筑形式已见于商代。宋镇豪引陈梦家疑甲骨文中的"旦"假为"坛",并列举商甲骨文中有关坛的建筑物,如下②:

庭旦(《屯》60)

南门旦(《合》34071)

祖丁旦(《合》27309)

毓祖丁旦(《合》27308)

父甲旦(《合》27446)

宋镇豪且指出商甲骨文之"单"即墠,并列举商代有关墠的建筑物,如下③:

小单(《合》31683)

东单(《合》36475)

南单(《合》28116)

西单(《合》9572)

---

① 张光直:《殷礼中的二分现象》,载《中国青铜时代》,联经出版事业公司,1983,第227页。该文原载《庆祝李济先生七十岁论文集》,清华学报社1967年。又之前,张光直指出商王的庙号有隔代同组的现象;他将庙号"甲、乙、戊、己"订为A或乙组,将庙号"丙、丁、壬、癸"分类为B或丁组,见张光直:《商王庙号新考》,载《中国青铜时代》,第175页。该文原载《中央研究院民族学研究所集刊》,15(1963)。

② 宋镇豪:《甲骨金文中所见的殷商建筑称名》,载宋镇豪主编《中国社会科学院甲骨学殷商史研究中心集刊:甲骨文与殷商史》新三辑,上海古籍出版社,2013,第24页。

③ 同上。

作者以为宋说可从,唯作者要进一步地指出,《礼记·祭法》言周代"去祧为坛,去坛为墠。坛、墠,有祷焉祭之……",但商代的坛、墠与祧并无关系,它似乎仅具"有祷焉祭之"的功能。礼家所言的周王室的祧是指文、武二王之祧庙而言。事实上,据《尚书·金縢》,周公时代坛、墠与商人的坛、墠确有几分类似,而如前所言,周王室的二祧乃出自周公的"三坛同墠"。《论语·为政》记孔子说"周因于殷礼,所损益,可知也"。的确,构成周代的宗祧制度中的昭穆和坛、墠确实是有因于商,且有所损益。至于周之祧则如上所述并不存在于商,而周之大、小宗与商名虽同但实则有异。

六、结　　语

"宗"是庙的象形字,由于出自同一祖先的历代子孙会到供奉此一祖先的宗庙去祭祖,所以一个宗便象征一个嗣系。"祧"是"示"与"兆"的会意字,古文字学家指出"示"与"兆"乃一字之分化,祧因此有"神主驻足处所",即庙的义涵,而表远祖、迁主所藏之庙、始祖之庙这三义当系祧字在先秦时代后起的词用。商周时代宗祧的制度主要是有关当时王公贵族世家为祖先设置祭祀场所,含庙、祧、坛、墠等在数量上的限制,且涉及祖先的昭穆之秩和亲族的远近之序等事项,是宗法的一部分。

在传世的文献中,有关先秦时代的宗祧制度大多散见于儒家子弟的著作,特别是《礼记》。事实上,在《礼记》中,就记载着三种不同的、有关于先秦时代的宗祧制度,即七、五、四庙制。

四庙制主要规定个人只可为一己的四代尊亲,即父$^{+1}$、祖$^{+2}$、曾祖$^{+3}$、高祖$^{+4}$各建一座庙。五庙制规定个人可较四庙制再多建一座"祖考$^{+5}$/大祖$^{+5}$/始祖$^{+5}$"之庙(此为甲式,适用于两周时代诸侯之高祖为始封子),或多建一座"[祖考$^{(+5)>>>+N}$/大祖$^{(+5)>>>+N}$/始祖$^{(+5)>>>+N}$]"之庙(此为乙式,适用于周天子或传承超过了五代的诸侯)。此一增建的始祖或祖考/大祖的庙兼具迁祖所藏之祧庙的性质。

七庙制是对周天子的宗祧而言的。《礼记·祭法》以为周王室在五庙制(乙式)之四代尊亲庙及始祖庙间再建二座迁祖所藏之祧庙以成七庙之数。郑注、孔疏并言周文王、周武王之庙为此二祧庙。但是《礼记·王制》仅言天子七庙,三昭三穆,与大(始)祖之庙而七,而未言及其中有祧庙存在。

事实上,不论《礼记》中所说的七或五、四庙制皆难从两周王室暨诸侯世家中找到实际执行之例证,传世经籍或出土文物数据中皆未能发现先秦时代曾有执行制度化毁庙迁庙的事证。相反的,现存的史料多所显示周王室和春秋列侯在不同的时段,还曾经维护或保有超过四、五、七世尊辈祖先的庙。

虽然在现实中难以发现儒家子弟所言先秦时代的七、五、四庙制,但是却不难在两周时代的文物暨史料中找到使七、五、四庙制成说的部件,诸如:文王、武王之二祧庙,周公所立之坛、墠,始祖庙之设立;父子昭穆之序;姓宗族之区分;确立之宗亲范畴;五世而迁之宗。

基于七、五、四庙制成说部件的异同,当可推断七庙制可能较早成说,或许是在春秋晚期,由孔门第一、二代弟子提出来的,它且为秦汉时代的士大夫信以为一种行之于周代的古制。五庙制之成说当与七庙制同时但稍晚,即有可能出自春秋晚期孔门第二、三代弟子之手。要之，在七、五庙制成说的时代，传统的姓、宗、族之封建社会结构尚且存在，但当姓族组织在社会结构中消失，并进入了战国时代，四庙制成说的时机方才到来，因为四庙制中未有"亲同姓"一类的亲属。

虽说七、五、四庙制是儒家弟子的学说，但是上述构成七、五、四庙说的部件，事实上，也就是目前所能考知的、存在于两周时代的宗祧制度的实际内涵。不过，符合《礼记·祭法》的七庙制亦曾经在历史上短暂地出现；西汉第八任的元帝以汉高祖为一祖（即始祖/大祖/祖考），文帝太宗、武帝世宗为二祧（以庙号中有"宗"字者的庙为祧庙），此三庙不毁，合亲庙四（惠帝、景帝、昭帝、宣帝四庙）形成了七庙制。然而，当西汉第十任哀帝在位时，刘歆以始祖庙一与亲庙六诠释《礼记·王制》的七庙制，且将《祭法》的祧庙定性为亲庙，成了无祧的七庙制，但这并非是商周时代的宗祧制度。

传统宗祧制度中的种种细节大多是始创于两周时代的，但也有若干部件因革自商代。在商代的甲金文本中未见有祧字的存在，在商代的现实中亦未见到作为祧庙的远庙、迁主所藏之庙，以及始祖之庙的存在。换言之，在商代是没有如儒家《礼记》中所言的祧制。商王室有三座"高祖"的庙，但皆不能定位为"始祖/大祖/祖考"之祧庙，虽然商人的"高祖"中可含其传说中的始祖。再者，商王室有二座藏有历代历任商先公先王神主的，名为"大宗""小宗"的，集体性的宗庙，它们与历代历任直系先王的庙同时存在，因此这二座集体性的庙亦非儒家《礼记》中所言的迁主所藏之祧庙。

商王室的"大宗""小宗"在名称上与周代的大宗、小宗相同，但其所指是不同的，后者是指两周时代，在姓、宗、族三阶社会结构中作为百世不迁之"直系嗣系（大宗）"若周天子，和五世而迁之"旁系嗣系（小宗）"若姬姓诸侯。商代的"大宗""小宗"庙制展现商王嗣系的两阶段及子姓内王族、非王族二合或二分的亲族结构关系，以及商人"八世亲属竭矣"的法则，而这与周人"六世亲属竭矣"（《礼记·大传》）关系是不同的。商王室子姓二合偶族世世代代行双边交表及姊妹交换婚，而此一制度之运作，又反映在类似周代昭穆制的、商王名号乙丁二分的现象上，唯周人所行的是姬姓与姜姓，即两个姓族间的双边交表及姊妹交换婚制。商代的乙丁和周代的昭穆，虽然在称谓不同，却仍可推定二者之间应当有传承或同源关系。再者，坛、墠之建筑形式已见于商代，二者被纳入广义的宗祧制度中。昭穆和坛、墠当系见之于宗祧制的"周因于殷礼"的这一部分。

On the Zong Tiao System of the Shang and Zhou Dynasties

Zhao Lin

Abstract: The Zong Tiao System was about the rules and regulations of the ancestral temples of the royal and feudal houses during the Shang and Zhou dynasties, and the records thereof were mainly kept in the writings of Confucius disciples during the Pre-qin Period. In this essay, the author first elucidates the original meanings of the words Zong, Tiao and Miao, and then starts to do research works on the contents of the so-called 4,5,7 temples theories by these Confucius disciples. The author then examines the historicity of these theories and finds out the components forming these theories. The author also makes a study on the relative phenomenon during the Shang and Zhou dynasties and investigates the possible system connections between the two dynasties. Finally, in the summary of this paper, the author presents all his findings.

Key words: Zong; Tiao; Zhaomu femote ancestor; the first ancestor

历史文化研究

明代后期河南士绅与地方教化
——以归德府沈鲤的文雅社为中心

牛建强　朱莉敏

摘要：明代中后期，随着商品货币经济的迅速发展，各地区的社会风气和观念发生了不同程度的变化，地处南北要冲的归德府地方也发生了相应的变化，人们生活奢靡，奸伪萌生，民风流于薄恶。曾任阁臣的士绅沈鲤，为改善乡梓民风，联合其他士绅组建文雅社，议定社约，共同引导乡民尊崇古礼、戒奢崇俭、为义行善，倡导大族规诫自身，典型垂范，在一定程度上矫正了地方不良风气，也为其他地区士绅的地方教化提供了可资借鉴的样本。

关键词：文雅社；沈鲤；士绅；地方教化

作者简介：牛建强（1963— ），男，河南大学黄河文明与可持续发展研究中心教授。朱莉敏（1994— ），女，商丘工学院附属兴华学校高中部老师。

明清时期，随着科举制的充分发展，基层社会随之形成了一定数量且层次鲜明的士绅群体。士绅在政治身份、经济优免、社会地位等方面享有特权。士绅作为地方的重要力量，在维护地方秩序方面发挥着重要作用。明代后期，曾经担任过阁臣之职的沈鲤，作为地方士绅在某个时段为乡梓教化和文化建设做出了突出贡献。沈鲤，字仲化，号龙江，归德府（今河南商丘）人。出身官绅家庭，祖父沈瀚，曾任建宁府知府。沈鲤生于嘉靖十年（1531 年），四十四年（1565 年）考取进士。授检讨，曾任东宫讲官，侍讲学士，礼部尚书，文渊阁大学士，并以阁臣参与机务等。卒于万历四十三年（1615 年），享年 85 岁，谥文端。有文集《亦玉堂稿》传世。目前学界对沈鲤的涉及性研究成果主要是学术论文，如张蓉的《明中后期的内阁之争》①，李舜华的《一代典礼的焦灼：沈鲤的锐复古制欲不得其时》②，

---

① 张蓉：《明中后期的内阁之争》，硕士学位论文，山东师范大学，2011。
② 李舜华：《一代典礼的焦灼：沈鲤的锐复古制欲不得其时》，《华东师范大学学报》2018 年第 5 期。

段亚利的《论明代沈鲤的政治人生》①《明万历朝内阁次辅沈鲤学术思想探析》②,卫威的《沈鲤研究》③,毛娟的《沈鲤年谱》④等,多侧重沈鲤的政治生涯、学术思想、生平事迹等。另外,亦有涉及沈鲤与地方社会的研究,如李永菊的《明代河南的军事权贵与士绅阶层——归德府世家大族研究》⑤探讨了以沈鲤为成员代表的、作为军事权贵和士绅阶层的归德府世家大族,不同于华南宗族而呈现出的河南地域社会的特殊发展形态;李永菊的《明后期河南史学思想与地方实践——对吕坤、沈鲤、杨东明的个案研究》⑥探讨了士绅沈鲤实学思想在地方社会的实践,但深入探讨沈鲤文雅社的地方社会实践的研究很是缺乏。在居乡期间,沈鲤参与地方建设创建文雅社,致力于改变当地日渐浇漓的风俗。

沈鲤创建社事活动,亦基于历朝历代"社"发展的基础之上,"社"的渊源历史悠久。瞿宣颖的《述社》⑦和宁可的《述"社邑"》⑧依据丰富史料,对社作了精辟分析,论述了社的内涵及发展。先秦时期,社与祭祀有关,是指人们祭祀的神或者祭祀地点。秦汉时期,社大多是乡社、里社等地方代称,但也开始出现民众所结成的祭祀组织——社。到魏晋时出现了较多的诗文社,一些文人常依附于高门组结成社,在节日聚会时以酒助兴,雅集唱和,吟咏诗篇,像梁园宾客、竹林七贤、竟陵八友等皆属此类。唐代又新兴了耆老会等社。宋元时期,文人、士绅结社较为普遍,除文人所结诗文社、耆老会等,还有习武之人所结兵社,民间自发建立的乡约、救济和经济合作的会社。此时期基本上形成了后世文人、士绅结社的格局和性质。

到了明代,特别是中后期,结社风气盛行,可以说是会社发展演变的高峰期。谢国桢认为:"结社这一件事在明末已成风气,文有文社,诗有诗社,普遍了江、浙、福建、广东、江西、山东、河北各省,风行了百数十年,大江南北,结社的风气犹如春潮怒上,应运勃兴。那时候不但读书人们要立社,就是仕女们也要结起诗酒文社,提倡风雅,从事吟咏(见《照世杯》小说),而那些考六等的秀才也要夤缘加入社盟了。"⑨据何宗美统计,明代文人结社总数远超过300家⑩。李玉栓在《明代文人结社考》中增至930余家⑪。"社"的兴盛不仅在数量上显著增多,在类型上也呈现出多样。

明代的社是与经济、政治、文学思想等演进密切相关的一种社会文化现象。前人关于

---

① 段亚利、覃敏:《论明代沈鲤的政治人生》,《郑州航空工业管理学院学报》(社会科学版)2007年第2期。
② 段亚利:《明万历朝内阁次辅沈鲤学术思想探析》,《内蒙古农业大学学报》2011年第5期。
③ 卫威:《沈鲤研究》,硕士学位论文,兰州大学,2008。
④ 毛娟:《沈鲤年谱》,硕士学位论文,兰州大学,2017。
⑤ 李永菊:《明代河南的军事权贵与士绅阶层——归德府世家大族研究》,博士学位论文,厦门大学,2008。
⑥ 李永菊:《明后期河南史学思想与地方实践——对吕坤、沈鲤、杨东明的个案研究》,《商丘师范学院学报》2011年第8期。
⑦ 瞿宣颖:《述社》,《东方杂志》1931年第5号。
⑧ 宁可:《述"社邑"》,《北京师院学报》(社会科学版)1985年第1期。
⑨ 谢国桢:《明清之际党社运动考》,上海书店出版社,2004,第7页。
⑩ 何宗美:《明末清初文人结社研究》,南开大学出版社,2003,第17页。
⑪ 李玉栓:《明代文人结社考》,中华书局,2013,第2页。

明代"社"的研究已有不少著述。在"社"的分期上,郭绍虞将其分为三个时期,第一个时期是指洪武至景泰之间,文人以"兴趣"结合,以示文才风流。第二个时期是天顺到万历时期,文人有"主张的结合","派别渐滋,门户亦立"。第三个时期为天启、崇祯时期,转变为带有"政治性"的结合,社中文人"讽议朝政,裁量人物"①。之后,袁行霈等一些学者将明代"社"不同时期的特点概括为兴趣型、主张型、政治型三种类型,基本沿袭了郭氏的观点。何宗美从社会背景、文学背景、会社发展变化特点等方面考量将明代的社分为四个时期:第一个时期为元代结社遗风之延续阶段——洪武、建文、永乐三朝;第二个时期是明代文人结社初兴阶段——洪熙至成化六朝;第三个时期为明代文人结社的第一次高潮——弘治至万历阶段;第四个时期为明代文人结社的至高峰——天启、崇祯两朝。②李玉栓本着社在数量、规模、类别、性质等方面的特点,结合整个古代文人结社的状况将明代的社分为明前期、中期、后期和南明四个时期。上述分期都有一定道理,都分别体现了社会结构发展的特点。

在社的分类上,郭绍虞依据"兴趣的结合、主张的结合、政治性的结合"将明代文人结社列为"怡老性质""比较纯粹的诗社""研究八股文的文社"等几类,又在总体上把它们归为诗社和文社两大类。郭英德在《中国古代的文人集团与文学风貌》中将会社分为"纯粹诗社""怡老会社""文社""政治会社"四类。王世刚在《中国社团史》将会社罗列为"文学社团""老年文人社团""教育社团""文艺社团""自然科学社团""宗教型文人社团""娱乐型文人社团"等类型。李玉栓在《明代文人结社考》中以创社宗旨、活动内容和社事功能为依据,大致分为赋诗、研文、怡老、宗教、讲学和其他六类。何宗美对文人结社做过细致梳理和分析,他认为依据不同标准可以划分为不同类型,如依据会社性质,划分为文学类和非文学类;按照组织特点,可分为规范性和非规范性;依据会社宗旨、内容等可划分为谈论诗文型、诗酒唱和型、讲艺举业型、选文刻稿型、读书论学型、谈禅奉佛型、匡时救世型等;还可按会社成员不同来划分。中国古代会社的内容复杂多样,性质相互交叉,界限较为模糊,然侧重以某个方面进行分类,在内容上虽不免重叠,但有利于问题的分析。本文以社的社会功能为侧重,将会社大体分为以下四类。

一是以撰写诗文为主要社事的诗文社。文人结社,不废吟咏,这一类型的社贯穿明代始终。据李玉栓统计,有明一代,赋诗性的文社数量高达291家。③结社成员"赋诗作会,诗成酒散,互相砥砺",以探讨诗文、切磋才艺为主要社事活动。为人熟知的有北郭诗社、南园诗社、西湖八社等诗文社。另外,一些风流宴集、悠游山水的怡老会社也以作诗撰文为主,遂将此类会社归纳其中。在社会生活安定之时,地方上一些德高才美的老人或致仕归里的官宦常以娱乐晚年为目的组建怡老社团。据学者统计,有明一代的怡老社团近90家,河南省洛阳一带多达21家④,可见河南一地社事的繁盛。这些老年文人群体活动丰富,常游林赋诗,觞咏酬唱。如弘治初年,夏邑县参政金钰,副使杨德,知县刘恭、朱鉴、刘

---

① 郭绍虞:《照隅室古典文学论文集》(上),上海古籍出版社,1983,第531—610页。
② 何宗美:《明末清初文人结社研究》,南开大学出版社,2003,第18—22页。
③ 李玉栓:《明代文人结社考》,中华书局,2013,第612页。
④ 扈耕田:《明代洛阳文人集团补考》,《河南科技大学学报》2008年第6期。

铨,县丞刘安,教谕闪贤,义官朱理,医官王淳,孝官徐铭组建"十老会","咸以齿德,俱隆效唐香山九老,宋睢阳五老故事为真率会,弈棋弹琴,赋诗唱酬,时形图绘,用彰其盛"①。

二是对科举有着重要影响的会社。郭绍虞、何宗美、李玉栓等学者都曾以此为着眼点,提出"专门研究八股文的会社""研文社"等说法,重在突出会社与科举的关系,科举考试不仅为文人们相聚结识提供了条件,还促生了大量以应付科举文为目的的文社。会社内容以习举业为主,有的也兼习诗文,大多集中在科甲较盛的地方。社事之兴促进了部分士人读书课业、博学苦思,为科举事业输送了大量人才。如嘉靖年间,汝宁府汝阳县人李宗延,字景喆,进士出身,曾在外地任官,归里后"闭户却轨,博古著书,汝士皆北面事之,立天中大社"。前辈子弟及州县名士常聚集于此,"讲正学,敦古道,扶植后进,品骘文业"②,带动了此地的好学风气。再如阳春社的公安三袁先后考中进士。复社、几社、求社等皆以输送科举人才而著称,先后有科举及弟者有张溥、吴伟业、陈子龙等。据《游居柿录》记载,明万历年间,钱谦益、袁道中、李流芳、韩敬诸人赴京参加会试,试前诸人于城西极乐寺结社修业。万历四十四年(1616年),吕维祺任山东兖州推官,立山左大社:"每月二次解卷,亲加评定,序次激劝。"③天启二年(1622年),吕维祺归新安立芝泉会:"每会以二三篇为率,或间会七篇及二三场,每季一试,第其文之高下,劝惩有差。"④在会文的时候,仿照科考要求进行,专门的"应试"培养,为士人中榜提供了极大的助力。此外,这些会社还促进了八股文风的变化,张大复曾言家乡昆山义社最盛,诗文步古风之脉,自昆山始。⑤ 八股文的发展从谨守规矩到讲究机变,这无疑与文人社团中的文学大家及其引领的文学风气有关。

三是带有宗教信仰色彩的会社,主要因信仰旨趣相同而自发结成的社。一些士人相约结参禅念佛之社,僧人也入会其中,如肇林社、二圣寺禅社、香光社、金粟社、慧林社等都是谈禅讲经、兼作诗文的社。万历年间,冯梦祯与僧莲池、邵重生、虞纯熙兄弟等人在杭州西湖结放生社,又名胜莲社,社员每年在湖上放生。社员虞纯熙,"晚而皈依云栖,复三潭放生池,赋诗赞佛,专修净业"⑥。袁中道数起华严会,"自为斋主,于三圣阁起华严会。时禅堂衲于宝方、怡山而下五六人,本寺戒僧本空而下数十人,皆聚于阁。三时念佛,二时诵《华严经》各一卷"⑦。华严会社员由僧、士人组成,以念佛诵经、参禅悟道为社事。另外,民间还自发形成以规引信仰习俗为目的的社。一些居乡的文人、士绅以"礼不废庶民,颇忽于祀"⑧发起会社,引导当地乡民祀祖祭天。另外,还结社规引乡民"至冬春农隙敛钱结

---

① 嘉靖《夏邑县志》卷七《人物》,天一阁藏明代方志选刊,上海书店,1963,第27a—27b页。
② 顺治《汝阳县志》卷九《人物》,顺治十七年刻本,第51b页。
③ 施化远:《明德先生年谱》,载《四库全书存目丛书》集部第185册,齐鲁书社,1997,第391页。
④ 吕维祺:《明德先生文集》,载《四库全书存目丛书》集部第185册,齐鲁书社,1997,第320页。
⑤ 张大复:《梅花草堂集笔谈》卷四《昆山社》,载《四库全书存目丛书》子部第104册,齐鲁书社,1997,第331页。
⑥ 钱谦益:《列朝诗集小传》丁集下,上海古籍出版社,2008,第620页。
⑦ 袁中道:《珂雪斋集》下册,上海古籍出版社,1989,第1232页。
⑧ 乾隆《嵩县志》卷九《风俗》,收入《中国地方志集成·河南府县志辑》第64册,上海书店出版社,2013,第248页。

社,百十为群远赴武当、华、岳,名曰进香"①。

四是具有敦厚风俗性质的会社。明中后期兴起一种与地方教化有着紧密联系的社。此类社以"秉礼崇俭,化俗维风"为宗旨,多为地方士绅参与创立。士绅作为一地之精英,深谙当地风俗,或出于儒家道德责任,或出于家族及自身利益,积极投身当地的教化事业,以求增减损益,敦厚风俗。在明中后期,归德府虞城县人杨东明以"彼贩夫耕叟尚知结社捐资,共期为善,况缙绅冠盖之流乎?宜俯同于俗会,各捐金若干,遇一切贫困可恤、善事宜举者,胥取给焉"②,倡导虞城县名士(官僚和生员)成立同善会。同善会成员以每月十五日为会期,在"各捐分银二星"后聚会行事。每年举行四次善会,由会员出资,为"寒者得衣,饥者得食,病者得药,死者得槥"共同努力。同善会还宣扬亲睦友爱之风,并以"和气流通,爱如骨肉"的相处之道约定社友。可见,同善会不仅扶贫恤难,还着力教化乡里,和睦民风。无锡县同善会的组织者高攀龙曾在致陈幼学的信中表达同善会的宗旨:"同善会勤行不已,非但救人,亦成美俗,俗美则回天。盖迎导生机便是潜消杀气,机理之必然也。"③同善会常与同时期的兴学会、广仁会共同举办讲学活动,宣讲六谕,深入乡里教化,以期规范人们的生活方式。另外,一些中下层士绅在地方上成立惜字会,以募捐的形式筹款,筹得会款用来雇人捡收弃纸,定期焚化。惜字会在倡导人们敬惜字纸的同时,践行济贫、施棺、施药等善举,组织成员崇拜文昌神,促使儒学科举在地方上得到足够的重视。万历年间,沈鲤在归德创建"文雅社",崇祯年间陈仁锡等人又在此地建立"亳社",以"正几训俗",这些会社的兴起达到了救助乡里、敦厚风俗、教化地方的效果。本文所集中探讨的明后期归德府沈鲤所组建文雅社即为此例。下面拟以文雅社及其活动为典型个案分析明后期河南士绅在地方教化中所发挥的重要作用。

一、文雅社的创办

明代中后期,因土地兼并,赋役不均,以及商品货币经济的发展,一些人从土地中游离出来后,或流移到相对的宽乡,或改业从事工商活动,某些士人也加入到工商行列。商品经济的冲击,催生各地社会生活的变化,风气日渐奢靡,同时观念体系也发生较大的突破。所有这些变化可归结到经济活动、日常生活、人情世态等三个相互联系的方面④。具体言之,各地区经济活动先后发生变化,由发展农业或副业、出外经商以辅助家庭农业的维持,推移到以经营商品农业、独立手工业和商业等经济活动为主;由明前期淳简的生活转变到后期的奢靡生活;人情世态方面呈现出利欲至上的特征,表现为人际交往产生危机,封建伦常出现颠覆等。⑤ 在江南、徽州、浙西、闽、粤等地,嘉靖中期已出现"侈靡过甚"的现象,

---

① 乾隆《嵩县志》卷九《风俗》,第 248 页。
② 杨东明:《山居功课》卷一《同善会序》,转引自夫马进《中国善会善堂史研究》,商务印书馆,2005,第 81 页。
③ 高攀龙:《高子未刻稿·柬陈筱塘年兄》,转引自夫马进《中国善会善堂史研究》,第 83 页。
④ 牛建强:《明代中后期社会变迁研究》,文津出版社有限公司,1997,第 8—13 页。
⑤ 牛建强:《明代中后期社会变迁研究》,第 28—42 页。

万历时期更是过之。"杭俗僄巧繁华,恶拘检而乐旷游",风俗人情"锱铢共竞,互相凌夺,各自张皇",于是,"诈伪萌矣,奸争起矣,芬华染矣,靡汰臻矣"。①

河南的部分地区明中后期的风俗变化晚于江南等地,程度也不及江南等地,但也渐流于薄恶。如史料所载,在成化以前,开封府鄢陵县"民风尚淳,鲜知兴讼。俗崇俭约,筵会无珍异之设"②。到了嘉靖时期,世人多好争讼,为开封所属之最,"婚筵丧奠,争尚侈靡。广招亲朋,以衰仪物,甚至限钱币之数以计丰啬。饬厨召乐,以赏费相高。有丧之家,僧道兼用,倡优杂进"③。虽朝廷严禁,士大夫矫正,也不能尽变其俗。各地富豪贵介纨绔相望,贫乏者也强饰华丽。鄢陵地区,邻里乡民"轻骨肉,重结拜。喜析爨而厌同居,信巫师而尚淫祀。贾区比邻,田多荒秽。子弟出入,裘马纷华"④,金钱冲击着宗法伦常。归德府一带也是"世俗繁文日益,真意日减"⑤。万历时,王士性谈及河南某些地方:"闾阎不事蓄积,乐岁则尽数粜卖,以饰裘马;凶年则持筐篚携妻子逃徙趁食。俗又好赌,贫人得十文钱不赌不休。"⑥民风日渐浇漓,出现奢淫势利,浮薄轻佻,缙绅富室不知俭德,市井之民不知廉耻的现象。而申明亭、旌善亭、耆老会、乡约制度等也废弛不行。在这样的社会环境中,勤事为民的沈鲤在居乡期间,建立文雅社,草拟社约,以期改变颓风,挽回淳俗。

沈鲤为人峻洁峭直,力行古道,深受儒家思想熏陶,认为教化乡民是士大夫应担负起的责任。根据李三才万历三十年(1602年)所作序知,大约在万历十六年(1588年)到二十七年(1599年)间,沈鲤家居,他和志同道合者一起创办了以教化乡俗、崇尚简朴为目的的文雅社。⑦ 至于文雅社名称来源,沈鲤写道,"郡东南一里许有文雅台,吾夫子习礼之处,而记称夔相之圃也。历数千载,故址宛然,厥维胜域"⑧。沈鲤与同乡杨允通、尹之才、乔巽甫和其弟沈鳞(字仲潜)五人,适会林下,结社于此,"期挽士风,稍还古昔","每及社饮,具有约言。既勒成编,嘉名肇锡,因遂以文雅标社"⑨。沈鲤所作《文雅社约》共 16 类,163 款。后人将沈鲤所作《劝施迁谈》等 11 种附录《社约》之后合刻,统称之《沈氏家政》。严格来说,将其他在此期完成的作品纳入《社约》之中是不合适的。但它们之间也有相通之处,即皆记录的是沈鲤针对当时奢靡风气所做的矫正昌言和举措,对探求沈氏此期在家乡维风范俗的行为极为重要。沈鲤在跋语中道:"是约为社饮而设也,而意主崇俭、崇厚也。故初简所述,仅及书札等六事,与乡饮酒礼有关者,不及他。已,诸公则云:乡俗之侈与薄者,亦何止宴会,而子启其端,不竟其说乎? 余曰:然。乃稍为浸寻及他事,又渐及四礼而归本

---

① 牛建强、汪维真:《明代中后期江南周围地区风尚取向的改变及特征》,《东北师大学报》1992 年第 1 期。
② 嘉靖《鄢陵县志》卷四《官师志·风俗》,《天一阁明代方志选刊》第 51 册,第 10b 页。
③ 嘉靖《鄢陵县志》卷四《官师志·风俗》,第 10b 页。
④ 嘉靖《鄢陵县志》卷四《官师志·风俗》,第 10b—11a 页。
⑤ 沈鲤:《文雅社约》卷上《揖让》,载《四库全书存目丛书》子部第 86 册,第 574 页。
⑥ 王士性:《广志绎》卷三《江北四省》,中华书局,1981,第 43 页。
⑦ 李三才:《龙江沈先生家政序》,载沈鲤《文雅社约·文雅社约总目》卷首,第 566 页。
⑧ 沈鲤:《文雅社约·文雅社约总目》,第 568 页。
⑨ 沈鲤:《文雅社约·文雅社约总目》,第 568 页。

身心,则《闲家》以下者是也。虽终不能尽,亦大略可睹已。"①沈鲤与里人修举社饮之礼,以礼法相约束。最初社约只是侧重饮宴,而后又及身心,从物质层面而进至精神层面。书中涉及沈氏家族事务和归德地方社会的诸多方面,包括书札、宴会、称呼、揖让、交际、冠服、闲家、驭下、田宅、器用、劝义、明微、冠婚、丧祭、身俭、心俭等,是一部敦厚风俗、教化乡民之书。根据社约内容,从尊崇古礼、戒奢崇简、倡导义行、敦厚风俗和管理宗族几个方面,对沈鲤等人试图推行地方教化的举措进行论述。

二、社约教化举措及效果

(一) 尊崇古礼

明中后期,不合礼仪、繁杂附会的现象多有发生。对此,沈鲤在社约中倡导依据古礼和国家制度来去除繁杂缛节,规范乡民礼仪。

规范书信往来。嘉靖年间,里中士大夫相拜往来以仆人口传告知,往来的书札形式多质朴简约,且符合礼制规范。而到万历年间,往来书信形式复杂,"今人每次一帖,已属多事,而又有折简,有全简,有封套,施者过费,受者无益"②,书帖长且多幅,往来通信遍用红纸,拜客还要以表纸单帖,用"顿首"二字强调卑幼之分,而这些形式并无典可依。对此陋俗,沈鲤在社约中提出:婚姻大礼及庆贺高年的书札用寻常红简,其余请帖礼帖及通问书札用两幅白简,书札内容也应简洁明了。③

规范乡民称谓。在称呼方面,为去除谄媚之风,沈鲤提倡对为官者称呼应符合礼制,如称太守、相公,内翰例等足可,无须强加奉承谄媚之语。对于乡里往来,"止径写字号,及某姓、某亲、行几、伯叔兄弟或某老先生,俱不必六七字,俱不必有别称"④,以本色称,以字号称足以表达尊敬之意。另外,乡里常有逾越本分的现象发生,为师者称弟子为先生,仆隶下贱之人常不敬长者,不遵礼制,纷纷以号称,以翁老自居。于是沈鲤在社约定尊长亲属各自应有的称呼,若是平辈只称字号,尊辈师长称先生,长者称某兄、某丈,仆隶不能僭越自称。⑤ 这使得乡民在言语交往之间尽显彬彬有礼,德仁有序。

规范交往礼仪。万历年间,主人迎宾作揖甚至俯身至地,频频举手相让,送客至大门外及车马边,礼重而琐屑,拘于繁杂缛节。沈鲤对此颇为不满,于是考见礼制,与杨允通、尹之才等共同作约文:"今后相见,行礼只两拜。有当称谢者,起身再揖,勿伏地连叩。亲朋偶遇,止宜序长幼一揖。"⑥省去虚文,足可使长幼有定,宾主有礼。另外,沈鲤认为大族内部伯叔子兄常以客礼相待,实为过侈,于是考见仪礼约定:"今拟四拜之礼,父母坐受,亲伯叔父南面揖受,族伯叔父亲兄东西向第,侄再拜不答,堂弟再拜跪而扶之,族兄弟交拜不

---

① 沈鲤:《文雅社约》卷末,第600页。
② 沈鲤:《文雅社约》卷上《书札》,第569页。
③ 沈鲤:《文雅社约》卷上《书札》,第569—570页。
④ 沈鲤:《文雅社约》卷上《称呼》,第572页。
⑤ 沈鲤:《文雅社约》卷上《称呼》,第572页。
⑥ 沈鲤:《文雅社约》卷上《揖让》,第573页。

受不答,亲堂弟坐不论宾主。"①还提及,"凡在本族尊辈前,虽仕宦不得据上坐。遇父执及相知高年者,必以容执绥必下,其余亦各以情义轻重自执恭谨"②。告诫乡里身负功名之人,即便飞黄腾达,也不可恃才傲物。另外,沈鲤还特意强调主仆之间应有尊卑之分,仆从不可与主人的衣履相似,亦不可随主姓,以防仆人忘却自己的祖先,玷污主人的先祖。③这也是沈鲤等士绅作为礼教倡导者对礼教秩序的维护。

规范衣着服饰。中国自古有"衣冠上国,礼仪之邦"之称,衣冠仪尚,有其特有的规格礼制,并代表严格的等级秩序。如忠靖冠的使用规制,在嘉靖年间钦定文职自州县官以下唯教职得用,武职唯都督得用。其中金线三条以象牙三才,并缘边两条,数不过五。而到了万历年间寻常百姓普遍使用头冠,并且冠上金线能随意加多。在服饰的颜色上,玄、黄、紫三色虽唯君王所用,然百姓有不知玄、紫而贸然使用的,也不乏有意违背礼制使用黄色者,虽知不合礼制,却不相互戒止。另外,作为护耳朵的御寒工具——暖耳,嘉靖年间唯许大臣使用。隆庆间,也只有百官得以用此护耳。而到万历年间,暖耳不再是官员的特制,乡民百姓寒冷时便使用暖耳,且视为寻常事。此外,乡里还见一些男女衣饰千奇百态,甚至有男拖女裙、女戴男冠的怪象,但对此往往理谕不能止,法制不能禁。沈鲤劝导乡民以"妹喜戴男子之冠以亡国,何晏服女子之裙以亡身"为诫,谨遵"国有国风,家有家风,女饰妖异,家风之陋也,君子必慎其微焉。未冠勿遽称别号,未娶勿遽衣文锦,礼老少异粮,童子不衣裘帛"④的行为规范,并以"士大夫之责与士大夫家一邑所望"⑤倡导士大夫以身作则,自己与族人率先规整服饰以作垂范。

规范行冠礼仪。冠礼是中国古代成人之礼,古人常言:"君子始冠,必祝成礼,加冠以厉其心。"儒家将冠礼定位于"礼仪之始",行冠礼是男子取得社会地位的一种认可仪式,在此之后才能作为成人参与各种社会事宜。嘉靖年间,乡里尚且重视冠礼:行冠有三加之礼,拜庙堂,拜同学朋友等仪式。至后期已为乡民所遗弃,于是沈鲤在社中宣讲时提到恢复冠礼一事:"今拟三加,除照常行礼外,其私家拜祖先父母,公堂拜师友,俱宜以次举行,而朋辈有特相知厚者,仍私拜冠者于家,或稍致祝愿规讽之语,冠者亦以门答拜,其未入乡校者,略仿此行之。"⑥使得乡里男子重拾行冠之事,在长辈朋友的参与下,行冠取字,完成首个重要的人生仪式。

社约不仅提及书信往来、人情交际、服饰衣着、加冠加笄等礼仪,还对宴会、婚嫁、丧葬等方面的礼节作出详细规范,教化民众践行礼制,敦化乡里风俗。

(二)戒奢崇俭

明中后期,随着商品经济的发展,物质文化繁荣,一些人不免沉浸在纷繁奢华的诱惑中,以华丽高贵、新异时尚彰显自我,乡里间葬礼婚俗也为之一变,乡民竞相争奢。针对这

---

① 沈鲤:《文雅社约》卷上《揖让》,第 573 页。
② 沈鲤:《文雅社约》卷上《揖让》,第 574 页。
③ 沈鲤:《文雅社约》卷上《冠服》,第 576—577 页。
④ 沈鲤:《文雅社约》卷上《冠服》,第 577 页。
⑤ 沈鲤:《文雅社约》卷上《冠服》,第 577 页。
⑥ 沈鲤:《文雅社约》卷上《冠婚》,第 593 页。

种日渐浮华的风气,沈鲤便以崇厚崇俭为纲要与社人立约,并将这一思想贯穿社约各类。如沈鲤认为乡里田野人家土木方便起造房屋,多逾制建造,往往室宇太广,阴气太盛而昔人有"木妖之说";屋上装饰也随意取用石雕神兽,如此则过侈,宜少裁之;田宅为常产,惟贵约而易守实,不必太侈。①

沈鲤戒奢崇俭、尊崇素雅的思想还体现在衣着俭朴、礼金往来等方面。

关于衣着俭朴。嘉靖年间,士大夫只戴圆帽,无人戴方巾,前辈礼服只是白布直身,鞋履上也并无多余装饰,乡民若看见有服罗段、戴金银者,则认为刺眼另类。到万历年间,乡民便有佩带金线巾、唐晋等巾、珠玉饰巾等饰物的,礼服的价格时兴昂贵,花样也日盛月新,甚至用绫绮制作袜、手帕、裙里、亵衣,以丝织锦作系袜带,还出现套云图像的鞋履,尽显奢侈华贵。嘉靖末年,乡民尚不知貂为何物,见一贵家公子戴狐帽在市中行走,便相聚骇观,以华丽奢侈群而嗤之。而到万历年间贫贱的布料都不再使用,而必用貂,形制极为高大,十分浪费。为返淳朴,沈鲤极力倡导乡民:"服色贵雅素,无贵淫靡,制度取适中,勿徇时样。"②

关于宴会饮食。万历年间,乡里多出现一场宴会治办多日,宴请宾客极尽排场,聚倡优表演助兴,杀牲食肉,频频举酒,常见两人一席或一人独席,宾客至日暮不散。沈鲤认为,"设席过丰,则多戕物命,多损精力,多费资财,多折福分"③,教化乡民应有敬客之心、仁物之心,宴席之上,不宜用倡优引诱子弟;唯婚姻大事及自远至者宜特设酒饭,其余宴会不必杀生④,极力矫正大肆请客等奢侈浪费的陋习。归德府一带先辈们起家艰难,在家业丰厚之后仍奉行勤俭节约,其居家器用也不求完备华美,但后世子孙不知致富的艰难,多"萌心侈大,则反笑前人为吝为野,一服一玩,无不尽饰"⑤,以金银打造餐具,器皿上雕饰各色图案。沈鲤常以"有一扇之资,可饱百人者,岂不可惜?"⑥批判纨绔子弟崇尚侈靡,并以器多容易招惹盗贼,以勤俭持家的观念作引导,培养里中民众俭朴的美德。

关于礼金往来。嘉靖年间,亲朋往来的礼银大多三分、五分到一钱,或携少量酒物前来庆贺,虽往来礼轻,但情意周洽。而明后期,"弥文日盛,有因而废家、废礼者,有较量往来薄厚寖成雠怨者,有公然为假酒假段明示相期者,风俗薄恶,如斯不返"⑦。乡里婚嫁亦以钱财论,至有鬻产废家,结成仇怨。乡里二十年前开具的礼单,"尚皆以谦为主,如酒云鲁酒,帕云纨帕是也。今则不论美恶,率皆饰以佳名。故美者近夸,恶者涉欺矣"⑧。作假趋多,助长了欺伪之风。明前期,人们常以70岁庆寿,10岁举礼。万历年间,便出现"不拘老少,每岁生日,大张宴乐。此无名之费也"⑨。乡民们虽无可庆或吊丧之事,但仍责人

---

① 沈鲤:《文雅社约》卷上《冠服》,第581页。
② 沈鲤:《文雅社约》卷上《冠服》,第576页。
③ 沈鲤:《文雅社约》卷上《宴会》,第570页。
④ 沈鲤:《文雅社约》卷上《宴会》,第571页。
⑤ 沈鲤:《文雅社约》卷上《器用》,第584页。
⑥ 沈鲤:《文雅社约》卷上《器用》,第584页。
⑦ 沈鲤:《文雅社约》卷上《交际》,第575页。
⑧ 沈鲤:《文雅社约》卷上《交际》,第575页。
⑨ 沈鲤:《文雅社约》卷上《交际》,第575页。

送贺礼或奠礼,田野百姓因此备受苦累。对此奢靡之风,沈鲤教导乡民操持钱财,谨守礼制,"婚姻莫隆于六礼",寻常贺奠、亲朋往来之礼,不能以市井交易之道计较家道贫富、子姓兴衰,"只可视情义疏密以为隆杀"①。

关于身心崇俭。沈鲤道,口腹之欲最关键;只要身俭,即可决定日常生活的俭朴,而不会流于奢靡。如何实现身俭,必须用仁义道德、纲常礼教等规范来统领吾身,即"以仁义道德物吾身,以纲常礼乐范吾身,以忠孝大节立吾身,以谦和退让保吾身,以不殖货利浴吾身,以谦和退让保吾身,以贞静宁一定吾身,而后为身俭,而后为不侈乎。身不侈,而日用事物不必一一置检柙"②。沈氏又指出,心俭最为重要,它又是身俭的基础,所以,如果说身俭为日用之本,那么心俭则是有本之本。只有自尊其身,自俭其心,则不能奢侈,才能合乎礼制。《心俭》篇中道:"夫身俭,本矣;有本之本者,心是也。心在乎审所好尚。心好静则必不好动,不好动何侈?心好简则必不好烦,不好烦何侈?心好雅则必不好俗,不好俗何侈?心好淡则必不好浓,不好浓何侈?故雅静简淡者,皆以养吾心而正吾本之本者也。"③否则的话,只能勉强约束于一时,而旧习难忘,死灰复燃。所以,唯达到身俭和心俭,才能根绝奢靡,才能移风易俗。

(三) 倡人为义

礼、义、廉、耻,乃国之四维。乡民若有义德之美,邻里间相互扶持,便会少生许多饥寒窘迫之人,民风也会日渐醇厚。沈鲤在文雅社多次倡导乡里人行善举义举,捐建义学、义仓等。

关于买卖交易。沈鲤提倡田宅买卖不宜贵侈,应易守实,劝诫置买田宅者,有三不亏——"宁亏富不亏贫;宁亏明不亏暗;宁亏人于无事之时,不亏人于急难",有七不买——"老年之父、孀居之母有不才子不能管教,或少孤子、蠢愚子不识好歹,而听信奸人拨置,所鬻之直十不偿一者,不买;已绝之产未有着落,相持之产未经倒断者,不买;宦家子弟覆败之业,任他人买,惟为宦家者,不买;业师、契友之遗产,不买;坟茔中房屋木石、先贤祠庙,不买;与势相争,自知不敌,以来投献者,不买;累世之邻,非十分输心欲卖,万不得已者,不买","而就中惟欺人孤儿寡妇与侵及泉下者为尤甚。凡置产为子孙长久之计者,宜致审于斯焉"。④ 社约中关于田宅买卖的约定,无不体现了沈鲤教导乡民诚实守信、仁爱立人之心。沈鲤还以乡里孝友先生让路百步、让畔一段与邻里的善事,倡导里人互相谦让,避免争讼。此外,对乡里放债起高利的恶风,沈鲤以南方放债起利一分至二分提醒北方高达八、九、十分的利息是不合时宜的,且一般人家偿还不起,倡导放贷者应三分左右起利,遵守经商之道义,才能人己两便。

关于资助乡里贫困。万历年间,乡里常有贫困之家不堪繁重赋役、滩涂不均,生活难以为继。对此,沈鲤与社友作约以扶贫救难,"族众中有极贫不能举火者,各与置膏田数

---

① 沈鲤:《文雅社约》卷上《交际》,第 575 页。
② 沈鲤:《文雅社约》卷上《身俭》,第 599 页。
③ 沈鲤:《文雅社约》卷上《心俭》,第 600 页。
④ 沈鲤:《文雅社约》卷上《田宅》,第 582 页。

亩,使尽力耕作"①,倡导乡里大族设立族田,不仅使贫困之人能投入劳动,糊口养家,维持家族和睦,又避免了其因无所事事制造动乱。沈鲤还指出,如有饿殍载道,"富贵之家歌舞欢呼似非所宜"②,富人应存有怜悯之心,尽关照乡民邻里之责。沈鲤亦以身为范劝施迁谈,"余性有所偏,每见人饥寒可隐者则不觉扰扰焉。欲施,施则悦"③,乡里百姓无不知其举善。沈鲤还劝告富户:"推捐其所无用,以化为有用。"④以此避免奢侈之风,保全贫困百姓的性命,积德积福,使家道常兴。另外,沈鲤在《劝义》篇中对无地不得葬的乡里贫人给予重视,与社员约议,设置义冢以泽枯骨。对于一些病苦无医的贫苦之人,沈鲤还与社人劝导义民施与民间药方,免其无钱问诊之苦。

关于劝捐社仓。沈鲤与乡里士大夫讲议荒政,曾约同巷数友在家居附近结义仓,积社谷,以备荒赈。义仓让乡里年高有德望的人主理,公正能干的人掌事。鼓励乡民丰收时捐赠,未雨绸缪。社员在荒废的官地自行建造社仓,常年仓储不空,惠及本坊邻乡。在荒年,常有贫人裸体者一二百人,沈鲤与同社友人协力周济,筹备棉袄等御寒之衣免其受冻,给予饭食免其饥饿。

鉴于社仓实惠于民,沈鲤作《社仓议》四篇倡导乡民参与社仓的设立。《社仓议·一》分析社仓比较公廪有九便:第一,社仓在"四门、四关各有建置,积之多方,备之无穷,而输散不越境"。第二,社仓为官与民合力经办,"分则共其力于众,独则总其劳于己,众力易举,独任难周,则任独不如任众",掌事的势力分散,不易出现官府把持独断的情况。第三,社仓的管理人员多是众民推服出来的殷厚公正之人,"为有司分理其事,而又有贤士大夫可备咨访,故本社居民,孰贫,孰否,孰上,孰次,一一皆有真见,粒粒皆有实惠也",掌事熟悉民情,达到赈无所虚。第四,社仓能达到各济各方、随投随给、灵活方便的效果。第五,社仓无盘拨转运等徭役赋税之累。第六,社赈则分局各济,散而不聚,不易发生疫疠、赈济不周等情况。第七,社仓比公廪节省修葺之费,且能将粮物保存良好:"状若圆囷,所需惟草木泥芭,无砖瓦木石之费,日色易透,故不烦晒晾,无重檐,故鸟雀难入,仓四周皆时有人迹,故鼠不为耗。"第八,社仓的设立由多位临近居民共同捐助,"有同室之义,一体之情焉,盖不但缓急相周,即百姓亲睦,民德归厚"。第九,社仓的捐输可以因乡民情况而有所改变,富余时多捐,贫乏时自取。⑤《社仓议·二》分析河南赈济有道在于"分",社仓仓谷力出众家;在于"核",各赈自为耳目,核而不欺;在于"速",各赈一时并举,速而不滞;在于"贤人",社仓选用贤良公正之人经理,使赈济发挥最大效用。《社仓议·三》议叙社仓之事,人均有责,乡里士大夫与居民有力者都应为之。《社仓议·四》劝导富人量力捐输,还规定非贫非富而衣食有余者输粟一斗储社,累计岁输一石二斗,时间愈久,积谷越多。到了荒年,乡民可以自取仓谷。另外,沈鲤还就社仓的建置、积贮、劝输、劝积、典守、约正、约副、约

---

① 沈鲤:《文雅社约》卷上《劝义》,第586页。
② 沈鲤:《文雅社约》卷上《明微》,第592页。
③ 沈鲤:《文雅社约》卷下《劝施迁谈》,第600页。
④ 沈鲤:《文雅社约》卷下《劝施迁谈》,第601页。
⑤ 沈鲤:《文雅社约》卷下《社仓议》,第611—612页。

会、社神祈报、赈济、平籴等提出建议,期望理事者多加采纳。① 沈鲤在社仓方面的努力,沉谋研虑,且便民有效。

关于义学。《易经》中有记"蒙以养正,圣功也",蒙养为孩童在识字、写字、读书等方面积累丰富的经验,以接轨科举考试。但乡里人常急功近利,因不能一夕取得成效而轻视蒙学,"主家礼仪亦甚疏简,谓不过训蒙而已,庸讵知所系之重而用功之难,与讲授大学者,反倍徙之哉"②。教学先生也自处太轻,沈鲤在社中呼吁乡里重视教育,认为塾师应尽力启蒙、授业、解惑,不可自行贬低。矫正乡民读书只学科举文字为取富贵、顶当门户的想法和行为,阐述读书之大用:"晓道理,通达时务,成就好人,到他日做官时,更要与朝廷理政事,安百姓,建功立业。"③孩童们初入学门,应学习诗、书、礼、乐、射、御数术,修身养性。沈鲤与同社五人在府城四门设置义学一所,延请塾师,教导乡里有志贫困子弟,并免去其束脩之资。沈鲤还在社约中对义学的教育条规等作出详细说明:

诸生到齐排班,与先生作揖,仍分班对揖。其早晚放学亦然。散班照长幼次序。出门务行走端庄,遇亲长恭身使礼,到家与父母兄长作揖。

授书毕,正字。正字毕,讲小学一条。讲毕,将所授书分三节,须早间读会一节,才放早饭。

写仿。临法帖千字文一幅。

写仿毕,调平仄对句,或破题破承,作文者间一日一篇。

讲书,先说大旨这一章书,是为甚么说。次训字,次逐句俗讲,次收缴,次分截段落……

将放晚学时,须把当日所授书俱草草背过,次日早方可熟背……④

还开列了义学书目,包括《四书正学》一部三本、《对联》一本、《诗歌》一部二本等等。沈鲤对教学书目、教学细节和过程都作了规定,义学规制堪比官学,通过义学训蒙学童,养正齐心,让其知老少之分、礼义廉耻。

(四)管理宗族

地方宗族尊崇儒家文化,对于家族的管理也以儒家文化为纲领。主要体现在以下几方面:一以儒教为主,培养科举人才,增加家族成员入仕的概率,借此提升家族的社会地位及声望。二济救寡妇,避免她们改嫁辱及族门,并争取更多朝廷旌表的机会以光宗耀祖,炫显闾里。三救助族内贫困人家,避免他们惹出事端,败坏家族名誉。四宣扬礼法秩序,维持家族的生命与声望。沈鲤道:"人之有族如木有枝,其根本丰固而枝叶茂密者,惟一气之无壅阏也。"⑤沈鲤认为对家族的管理"在相于辅、道于善而后福乃滋大也","凡我诸族

---

① 沈鲤:《文雅社约》卷下《社仓议》,第612—615页。
② 沈鲤:《文雅社约》卷下《义学约》,第602页。
③ 沈鲤:《文雅社约》卷下《义学约》,第602页。
④ 沈鲤:《文雅社约》卷下《义学约》,第603—604页。
⑤ 沈鲤:《文雅社约》卷下《族田约有引》,第615页。

其务操辐辏之心,消瓦解之衅,慎守兹壤,弥固弥昌"①。家族的兴旺在一定程度上也会带动地方的风气,影响到地方的教化和社会秩序的稳定。

宗族管理多体现在管理仆人、族田、祭祀等方面,倡导族人遵礼守法,尽忠尽孝,光耀门楣。沈鲤居乡十余年,切实感受到如果乡宦好省事,对仆从缺乏管理,那么喜好多事的仆从的气焰就会如奸恶小人一样。"假令一乡宦使十人,十乡宦使百人,则一邑有百乡宦矣。鸣呼,一邑中百乡宦,其气焰岂不薰塞邑里,无复有空闲处所耶!"②另外,若仆人太多,主家养其衣食多不堪侈费,基于此,沈鲤在《驭下》篇讲道"大凡仆从,只将就足用,不必太多"③,不仅能有效防止仆从众多,借主行私,为害乡里,亦能勤俭持家。同时,主家对待仆婢应有如爱子女之心,关心其婚嫁、寒暑、饥饱、疾病等,教导仆婢不可为蝇头小利与他人争执,对仆婢的闲言碎语应忍耐忽视,不扰本心。除注重对家族成员的管理外,沈鲤还十分重视家族内部的联谊。自明初二百年以来,沈氏家族日益强大,聚会虽多,但族人礼数日简,疏远离析,对于族中困难的亲友冷漠视之,更遑论相互扶持。为团结宗族,敬重祖先长辈,沈鲤分置膏田数亩给予族中贫困人家,使其尽力耕作,以资糊口。另将先祖坟茔旁的六百余亩田地划为族田,将族田所收其租银、租钱、租粮等都记载清楚,对其收支使用也详加规定,如用于家族公共事物、祭祀祖先等,还将家族贫困人家分为三等,以进行不同的资助④。族中有高年八九十、孝行节义可劝风化、初入乡校登科及第及正途者各领租银五钱以为贺礼。⑤

除此之外,沈鲤在家族内设立笃亲会,参加者为家族同姓人员,通过笃亲的方式联络家族情谊,敦厚家族风气。笃亲会在每月初三举行,遇有阴雨或意外可以灵活改期。会日以口传通知家族成员,不用请帖,"至日一不邀,以巳时为期,过巳不到,即行酒登坐"⑥,"遇该董会者或有不得已之事则预告,以次者代之,仍补会"⑦。家族成员与会时,"只称字不称号","会以笃亲,亦以劝善,约后有大过可规者,遇该会日,言于会长,巽言相正,不服则举觞三酌之"⑧。家族宴"每设三桌,每桌用小菜四碟,馔腥素各四碟,不用果,晚饭每桌添咸肴四碟。早饭用点心或面饼,每客一碟,每碟五个,羹汤一碗,晚间用豆米水饭冬米粥。酒不为限,足用而止"⑨。沈鲤还规定不得跟从犒赏,以贯彻崇俭崇厚的思想。笃亲会会事条例规整,要求族人定期参加,以联络家族情谊,解决家族事务为,传承家道。通过教导族人遵礼行善,以期影响乡族邻里,移风易俗。

另外,沈鲤还对家族内祭祀祖先的礼仪重作规整。随乡俗在清明、七月十五、十月一日、新春时择期祭祀。另对祖先、去世族人的茔地和牌位的安放,祭品的使用及祭礼、祭文

---

① 沈鲤:《文雅社约》卷下《族田约有引》,第615页。
② 沈鲤:《文雅社约》卷上《驭下》,第580页。
③ 沈鲤:《文雅社约》卷上《驭下》,第580页。
④ 沈鲤:《文雅社约》卷下《族田约》,第615—617页。
⑤ 沈鲤:《文雅社约》卷下《族田约》,第616页。
⑥ 沈鲤:《文雅社约》卷下《笃亲会约》,第621页。
⑦ 沈鲤:《文雅社约》卷下《笃亲会约》,第621页。
⑧ 沈鲤:《文雅社约》卷下《笃亲会约》,第621—622页。
⑨ 沈鲤:《文雅社约》卷下《笃亲会约》,第621页。

作出规定:北地立茔,先立明堂,外与神路相直,内则居茔之正中,另按古礼设坛。祖考神位向西向右一席列四世,祖妣神位东向,若配享者盖三世以上俱系单传故。祖考、祖妣可以同席,四世以下俱有兄弟,须男左女右方不混杂,左一坛共五席,一席、二席列五世。祖考神位三席、四席列六世……设两牌一书男殇神位,一书女殇神位,分别于东西两坛尽头处所。① 在每坛上摆放香桌、香炉和烛台等,按不同席位分置馒头、米糕、果碟等祭品。族人祭祀时,赞礼用本家年幼生员或童生,不设鼓乐,不着锦绣,"有冠裳者不亵服,虽布衣亦贵鲜洁,惟贫寒者不论。若遇焚黄大典则以君命为重,仍用吉服行礼"②。行礼时谨按辈分之序,不得逾越。沈鲤《墓享仪》篇不仅规范了家族祭祀事务,亦为乡里其他家族做出了典范。

(五) 敦厚风俗

为扭转明中后期吏治败坏、圣意不宣、各地习俗礼教日衰的风气,沈鲤在社约中多次提到要恢复早年乡间古朴的风俗。为令吏各尽其职,民各安其业,沈鲤与同社诸人将"圣谕六条"各书一牌,尊奉于门屏冠冕处,使家众子弟朝夕出入瞻仰③。另外,宣讲圣训六条,以其推行至乡里:以人不孝而百行不立,倡导乡民善事父母;认为尊敬长上不在仪文交际间,若士人为讲求经济化导乡俗,庶人谨办征徭输心捍卫便是尊敬长上、效忠尽职;乡民之间唯心存忠厚、有难时相互扶持才能和睦乡里。在教训子孙方面,沈鲤以凡事成由勤俭破由奢侈,敦促父母教导子孙勤俭持家。对于农桑之事,教之以"耕耘种植之法,蚕桑果蔬之事"④,"拾粪如拾金,趋时如趋利,锄莠如锄盗,遴选佃户如选才"⑤,向乡民普及粪力之效,劝勉他们勤于耕锄,慎选佃户。教导乡民各安生理,坚守本业,勿作非为。另外,沈鲤对物与自然有着较深体会,认为"夫物诚有微巨,乃好生恶死,则一蚊一蝇即一我也,士君子欲充其不忍之心者,当先自微物始"⑥。教导乡民应有仁爱之心,对待万物应一视同仁,不能因蚊蝇之类为微物而忽略它们。沈鲤还注重仕宦大族行为对民风的引导作用。《明微》篇中道:"小民非能坏风俗,以观望所不在也。其惟士大夫之责与?士大夫家百凡好尚,不可不慎。"⑦主张士大夫应率先垂范,洁身好修,砥砺风节,教化乡民。因此,沈鲤在社中常言,仕宦居乡应团结乡里,谦和处事,率先垂范,引领社会风气,恢复淳朴古风。

万历年间,归德府一带世风薄恶,常有群聚斗殴、造谣中伤等事发生。乡里每见到人行事苛刻,贻害他人,则群聚指责痛斥,口出没天理等恶毒言语,至有"毁人于言语文字之间者,殊略不介意"⑧。于是,沈鲤在社约中宣扬待人之道,唯心存忠厚,诚敬相待,化干戈为玉帛,化戾气为祥和,才能与人和睦相处。并再次强调士大夫对于和睦风气的引导作用,认为士人有提笔撰文之才,常有文、书传于后世,所以应严于著述。"夫空言在一时,文

---

① 沈鲤:《文雅社约》卷下《墓享仪》,第 623—624 页。
② 沈鲤:《文雅社约》卷下《墓享仪》,第 624 页。
③ 沈鲤:《文雅社约》卷上《劝义》,第 584 页。
④ 沈鲤:《文雅社约》卷上《劝义》,第 586 页。
⑤ 沈鲤:《文雅社约》卷上《劝义》,第 586 页。
⑥ 沈鲤:《文雅社约》卷上《明微》,第 591—592 页。
⑦ 沈鲤:《文雅社约》卷上《明微》,第 592 页。
⑧ 沈鲤:《文雅社约》卷上《明微》,第 591 页。

词传后世,其久近固已不同矣。若其人名愈重,词愈工,文致其事者愈奇,则其亏损天理也为愈甚"①。此外,沈鲤还提及言谈交往,若有言语激烈争愤是最难忍的,忍得过去,却便有许多受用,不能忍而致祸患,所谓一惭之不忍,而终身惭也。② 每遇争愤时,念及此便可慢慢平息下来。"士君子聚谈间,若只依傍道理,而藉以和气平心,自有深趣,自尔浃洽。"③君子聚谈,如果依据事理,心平气和,自然会交谈深刻透彻,并乐在其中,如果以戏谑诙谐之语交往,恐怕会以堂皇滑稽开始,以阴暗卑下结束,这些须引以为戒。

《文雅社约》还约定乡民居家、居乡时的礼仪。乡民人情"每详外而略内"④,但所谓"礼与敬有家之善物也",礼不正内,就无根,无根不能及远,于是沈鲤教导乡民居家"须庄敬日强,礼仪卒度,不可以狎近忽之也"⑤。约定与父母同食时,应亲敬细致,父母在子女勿藏私财,以防其淫奢。夫妻、兄弟之间最为亲近,礼文也最易忽略,沈鲤认为夫妻之间要相敬如宾,兄弟之间应长幼有序,异胞兄弟也应和睦相处,禁止姑媳叔嫂相互谩骂。另外,沈鲤家居间见当地邪教盛行,便倡导郡中士大夫辟邪说,开明世教,激励乡民。此外,乡里在祭祀天地、春秋祁报时有不合礼制甚至聚倡优扮演杂剧,里俗"多聚众讲经、设坛修醮、建祠塑像、随会进香者,其所铺张极为奢侈",总为祈求福利之心,但"死生有命,富贵在天,天命无常,惟善是佑"⑥,并不是一诵经、一塑像、一修醮、一进香就能掩恶为善的。沈鲤批判乡里笃信邪说之风,认为"以幻术所见是我真身,以来世转生为可深信,乃卒至倾财破产,亡身败家,犹不觉悟,亦愚甚哉!"⑦,引导乡民正确看待生死,勿多耗资财招惹事端,倡导乡民遵循礼制,敦厚乡里民风。

社约还提到对婚嫁丧葬习俗的矫正。万历之前,归德府一带的婚嫁习俗尚是纯美,"婚礼绝不论财",但明后期婚嫁风俗便发生变化,"惟遣女资装尚属过厚,故里俗转相仿效,而中人之家有取息鬻产以妆饰一时门面而其后皆以废家者"⑧。乡民因婚嫁之事而废家的不在少数,究其原因,很大程度上是富人引导,寻常人家竞相攀比,华侈渐高,所以,沈鲤劝导乡民送礼要量力而行,"婚礼除送嫁妆奁,各量力薄厚,酌为中制,不得过奢"⑨。另外,沈鲤还倡导乡里士大夫制止田野乡民婚娶孀嫂、弟妻等乱象,鄙弃撒帐、骑鞍、拜子孙的胡元鞍马旧习,促使乡里摒弃婚嫁陋俗。万历年间,乡里用绫锦旛幢及彩书、人物、楼阁之类以炫里俗,奢侈的丧葬仪式,大量的殉葬物品,不但逾越典制,且容易招惹奸人窥伺,应极力避免。

女性行为对习俗的影响也是沈鲤关注的重点。随着城市经济发展,娼妓之业盛行。一些娼妓游街揽客,搔首弄姿。沈鲤对这种风尘淫乐之风极尽痛斥:"倡优子女,所为何

---

① 沈鲤:《文雅社约》卷上《明微》,第591页。
② 沈鲤:《文雅社约》卷上《揖让》,第574页。
③ 沈鲤:《文雅社约》卷上《明微》,第591页。
④ 沈鲤:《文雅社约》卷上《闲家》,第578页。
⑤ 沈鲤:《文雅社约》卷上《闲家》,第578页。
⑥ 沈鲤:《文雅社约》卷上《丧祭》,第599页。
⑦ 沈鲤:《文雅社约》卷上《丧祭》,第599页。
⑧ 沈鲤:《文雅社约》卷上《冠婚》,第593页。
⑨ 沈鲤:《文雅社约》卷上《冠婚》,第593页。

事。苟遗孕育,亦将如何。此所谓祖宗罪人,何但云损身败家而已。"①以娼妓纵情恣欲,败坏风俗,敦促乡里男女,念祖先之德,思后世之祸,勿做贪逸淫乐之事。乡里妇女常有"相聚三二十人,结社讲经"②,痴迷于此,不分昼夜,不理家事。一些信仰宗教的妇女"跋涉数千里外,望南海,走东岱"③,烧香拜佛,出门远游。还有一些妇女在节日游玩,出入庙会等公共场合时,忽视礼节"男妇同席、笑语一堂者"④,沈鲤认为这些俱非美俗,倡导禁止女性烧香拜佛,串访聚会,出入公共场所,以防止女性乱了操守。沈鲤在社约中作《女训约言引》,女德24条,女训84条,来教导女性涵养女德。女德以孝敬和睦、柔顺端庄、勤俭整洁为提纲挈领之意,要求女性遵守"整洁祭祀,孝顺公姑,敬事夫主,和睦妯娌,礼貌亲戚,宽容婢妾,教道子女,体悉下人,洁治宾宴,谨饬门户,性格柔顺"⑤等条目。为防止妇女有亏损女德之事,从女言、女行等方面作女诫数条来规范妇女持身正内之事。认为妇女若持身女德之美,即使出自贫贱之家,也会被看得贵重,虽没好衣服首饰,但有好声名,连带本家父母、阃族亲眷都有光彩。另外,沈鲤作女诫数条教导乡里妇女要把持身事:莫举止轻狂,莫妖乔打扮,莫高声大笑,莫耳软舌长,莫搬弄是非,莫离间骨肉,莫烦言絮聒,莫巧言狐媚。⑥ 这些戒规更是加固了"三从四德"等封建礼教。

此外,嘉靖、万历年间射礼不行。沈鲤杂采古礼,缘饰武射,与社友作约16条,教导乡里殷实之家子弟习射。社约中规定行射以三、六、九为期。地点选在少有人烟的闲旷郊外。以60步为准,设置与人身等高的射的。社员行射除自备使用的弓矢外,还需要每月输送乡射会箭矢10支,每年输送弓1张,各自添加标记,以备有用时取回。出射前,相约行射的人要行射礼,相向作揖,序坐喝茶,茶毕稍歇后出行。为防止意外,射的两旁及发矢处俱禁人站立、行走。行射时以长幼为序,"临发举手相揖,长者先发,少者旁立以待。先发者矢尽,则举手,让旁立者使居其所而已,亦旁立候之。两射俱毕,中多者酌酒饮,中少者一矢一杯,饮毕而胜者致词曰屈饮,相举手一揖,而退其次,耦乃循序而上,行射如前"⑦。行射人须"内志正,外体直"⑧,四平端正发矢,正中靶心,不偏倚高下,为最可贵,胜者可以劳酒一盏。以滋养乡民的浩然正气,豪爽之风。在几轮行射之后,身体疲倦时可以回庭中休息,酌酒数巡,为补充体力,还可约射友使用茶饭"宜序齿轮流治办,大约殽不过数豆,酒不过数行,四人一桌"⑨。在行射休息时,射友还探讨名将兵法,各出所疑,以相质正,有时还将古今忠义故事与兵法一同讲解。虽习射以备不虞,但约束内诸人与各家丁壮除当日肄习外,其他时间不与人谈兵,避免自大张皇,骇人睹听,招惹事端。文雅社为营造娱乐轻松的氛围,还对子弟的随从家丁作出规定,允许从人以主人的胜败作赌押,还有

---

① 沈鲤:《文雅社约》卷上《明微》,第592页。
② 沈鲤:《文雅社约》卷上《闲家》,第579页。
③ 沈鲤:《文雅社约》卷上《明微》,第579页。
④ 沈鲤:《文雅社约》卷上《闲家》,第579页。
⑤ 沈鲤:《文雅社约》卷下《女训约言》,第606页。
⑥ 沈鲤:《文雅社约》卷下《女训约言》,第607页。
⑦ 沈鲤:《文雅社约》卷下《乡射约》,第618页。
⑧ 沈鲤:《文雅社约》卷下《乡射约》,第618页。
⑨ 沈鲤:《文雅社约》卷下《乡射约》,第618页。

专门的教师教授家丁枪刀拳棒、跳跃扑打等绝技①,场面无不热闹。

从沈鲤的《文雅社约》来看,其约条先是由古之道,执古御今,以崇俭、崇厚为主线而制定的,希望以此改善社会颓俗,教化地方。文雅社的设立及其社约的规束达到了一定成效,"里中有节孝仁义出自委巷者,不必论曾否相识、有无往来,俱动支社内分银,公同备礼,以发潜德"②。助粟帛给孀居守志无所依靠、家贫不能自给的人家。乡里崇俭崇厚之风渐行,人心日厚,民风日淳。在同一时期,杨东明创立同善会(万历十八年,1590 年),之后江南等各地的具有教化互助等性质的善会组织纷纷创立,无锡县同善会由施元征、高世泰继承,保持了强盛的生命力,一直延续到康熙十几年,举行了 86 次集会③。清初世风颓靡,吕留良见沈鲤在乡里建文雅社,叹道:"我生之初,世变已亟,不谓今之日甚,尝欲与同志讲行于乡里间,而未之能也。"④可见创办成功的文雅社已成为后世效仿的典范。

因沈鲤文雅社教化极其努力,地方民风向善,文雅社教化地方的成功与士绅们对地方教化的努力带动了其他士绅对地方事务及交互的参与。虽然教化影响存在着一地一时的局限,也不能代表所有地方士绅社团都对地方产生积极作用,但值得肯定的是在地方社会中,士绅的自律性和地方声望可以体现士绅阶层作为地方领袖管理和影响地方的能力,部分士绅带着强烈的自主意识和社会责任,以"社"或其他方式参与地方事务,在官方权力减弱的时候,自觉填补了地方官府在风俗教化上留下的空白,在乡里秩序的重整上发挥着一定作用。

Henan Gentry and Local Enlightenment in the Middle and Late Ming Dynasty
——Focusing on Wenya Community of Shen Li in Gui-de Prefecture

Niu Jianqiang　Zhu Limin

Abstract:In the middle and late Ming Dynasty, with the rapid development of the commodity currency economy, the social customs in various regions have changed in different degrees. Gui-de Prefecture, which is located in communications hub between the north and south, has also undergone corresponding changes. In the Gui-de Prefecture, the ethos of profit-seeking and extravagance and treacherous fraud have begun to flourish, the folk custom is trickling down to evil. Shen Li who focuses on internal and ex-

---

① 沈鲤:《文雅社约》卷下《乡射约》,第 619 页。
② 沈鲤:《文雅社约》卷上《劝义》,第 588 页。
③ 夫马进:《中国善会善堂史研究》,第 89—90 页。
④ 吕留良:《天盖楼四书语录》卷二十三《子曰先进章》,载《四库禁毁书丛刊》经部第 1 册,第 243 页。

ternal maintenance combined with other gentry to form Wenya Community and wrote articles. He taught villagers to honor ancient rituals, abstain from extravagance, advocate righteousness and grandfathership in terms of social contacts and customs. To some extent, it has corrected the local customs and provided reference for the localization of gentry in other areas.

Key words: Wenya Community; Shen Li; gentry; local enlightenment

河南博爱县月山八极拳简论

魏美智

摘要: 月山八极拳具有丰厚的历史传承和理论基础。它源于具有习武之风和豪侠文化的河内民间,得力于三教合一的寺庙文化,尤其是三教融于一体的《易经》文化。月山八极拳的大八劲、小八劲、粘劲三个套路是各地传承的八极拳的母套路,它拳法简洁,结构紧凑,是我国武术套路中不可多得的实用武术。它与心意六合枪一起,被称为"枪挑黄河两岸,拳打南北二京"的两大武术门类。

关键词: 定鼎;乾坤;月山;八极拳

作者简介: 魏美智(1947—),男,郑州大学毕业,河南省博爱县原地名办公室主任。主要研究方向:博爱县历史和武术文化。

八极拳首创于河南省博爱县月山镇月山寺。八极拳,又叫开门八极、月山八极。《中国武术大辞典》载:"岳山者,相传八极拳源自河南焦作岳山寺,故冠名岳山。"①此条目可能采访自山东,因为山东与河北山东交界的人发音月为 yo。岳山寺就是河南省博爱县月山寺。

月山寺建寺之初就有习武的传统。月山寺第一任住持空相法师来自少林寺,是万松行秀的弟子。第二任主持叫苍公。清雍正八年(1730年)所修《覃怀志》中记载:"苍公,名崇苍,北直隶保定人,武进士出身,因游览至明月山,遂削发披缁为大比丘,静参得悟。常有一黑虎在其左右,时时驱以负粮于山下即化为驴,若遇劫者,仍为虎形。一日自知时至,嘱诸门人曰:'吾报缘已尽,今当辞世,遂沐浴更衣跏趺涅槃而逝。'"②这个记载说明了三个问题:一是苍公的籍贯——北直隶保定;二是苍公为武进士出身,有深厚的武学修为;三苍公驯黑虎如驴,武功修养深厚,而且富有智慧和创造力,能使猛虎甘为他驱使。证明苍公具有创八极拳的基本条件和能力。

苍公披缁于月山寺皆因佛缘造化。月山寺初创于金大定年间,明月山左右环抱,如凤凰展翅,状如一弯新月,寺院便称为明月山宝光寺。寺周风景如画,羊肠蜿蜒,翠柏青青,

---

* 该项研究系教育部人文社科重点研究基地重大项目"明清以来黄河中下游农耕社会转型的历史经验研究"(16JJD770020)的阶段成果。
① 《中国武术大辞典》编辑委员会著《中国武术大辞典》,人民体育出版社,1990,第40页。
② 雍正《覃怀志》卷十《仙释》,博爱县档案局档案馆藏,第139页。

幽鸟和鸣,幽静而且安详。来自少林的住持僧空相法师文武,《易》、医皆精,苍公与空相一见面,二人即成莫逆之交,苍公遂留宿于明月山宝光寺。苍公虽为武进士出身,但是动极喜静,喜欢静坐参禅,于是又亲凿一座洞府,人称苍公洞。

苍公洞位于月山寺大雄宝殿西侧,是一座地穴式的洞府。洞口上方刻着亦楷亦隶的"苍公洞"三个大字。苍字的草字头和公字上方的左撇右捺,均为左右展翅造型,给人以飞翔、灵动的感觉。拾级到洞内,但见该洞高约2米,面积约12平方米。洞内气候温润,寂静异常。因元朝禁武,苍公就躲在这座洞府演练武术创八极拳。苍公洞地面为石板结构,平展处依稀可见些许凹陷,使人想起苍公日夜在洞中演练八极拳的刚毅武步和虎虎拳风;耳畔犹闻苍公打拳时发出的令人心情激荡的哼、嗨之声。

苍公所创八极拳由大八劲、小八劲、粘劲三个套路组成,每个套路由八个动作组成。动作简洁朴实,势险节短,猛起猛落,硬开硬打,发力暴猛刚烈,以气推力,挨傍挤靠,崩撼突击,硬进紧攻,贴身近发,寸截寸拿,以短制人,动如山崩,发如炸雷,势动神随,疾如闪电。八极拳一出,声震武林,传遍了河北、山东、河南、山西、江苏、安徽、四川、广西、辽宁、黑龙江、吉林、北京、天津、台湾等十几个省。武林谚云"文有太极安天下,武有八极定乾坤",可见八极拳在武林中的地位。

一、苍公八极拳的由来

要知道八极拳产生的历史,首先要明白什么叫八极,为什么要称它为八极拳。八极一词是一个流传千古而又包罗万象的形容词。有人将它与天地联系起来,说它上窥青天,下潜黄泉,挥斥八极。有人认为它无所不能,八极之内,天之所覆,地之所载,无所不至。《淮南子·精神训》将它与阴阳联系起来:"古未有天地之时,惟像无形,窈窈冥冥……于是乃别为阴阳,离为八极,刚柔相成,万物乃形。"①还有人说八极就是无边无际的意思,施八极而无疆,散之不可轻究,敛之不盈掌握,响之者富有余;还有人将八极解释为八极四海,三江五湖,九州百郡。三国著名诗人曹植《薤露行》认为:"天地无穷极,阴阳转相因。人居一世间,忽若风吹尘。愿得展功勤,输力于明君。怀此王佐求,慷慨独不群。鳞介尊神龙,走兽宗麒麟。虫兽犹知德,何况于士人。孔氏删诗书,王业粲已分。骋我径寸翰,流藻垂华芳。"②又,曹植《惟汉行》认为:"太极定二仪,清浊始以形。三光照八极,天道甚着明。为人立君长,欲以遂其生。"③

从这些历史典籍的记载中可以看出,所谓八极拳,一是要拳打六合之内、八极之远;二是不仅要了解八极有阳刚的一面,也要分清什么是阴阳,什么是五行;三是八极也是无极,天地无穷极,阴阳转相因,八极拳的至高境界就是无极。

月山寺是一座以曹洞为宗,三教合一,武、《易》、医为一体的寺院,这也是苍公要将他所创的拳术命名为月山八极拳和以《易经》八卦为宗旨创立八极拳的因由。

---

① 刘安等:《淮南全译》(上册),许匡一译注,贵州人民出版社,1993,第365页。
② 余冠英:《三曹诗选》,人民文学出版社,1997,第39页。
③ 赵幼文:《曹植集校注》,人民文学出版社,1998,第364页。

二、苍公八极拳产生的理论与实践

八极拳的创造离不开先进的武术理论和丰富的社会实践。博爱县是一个具有悠久习武传统的地方,《中国武术史》所记载的我国最早的武术理论出自博爱(河内)。距离月山寺5公里的唐村千载寺,是我国多种武术产生的地方。过去,博爱县是从河南进入山西、陕西的孔道,历代战争频仍。这些都为苍公创立八极拳提供了有利条件。

(一)武籍流传与豪侠文化

《史记·太史公自序》:"自司马氏去周适晋,分散,或在卫,或在赵,或在秦。其在卫者,相中山。在赵者,以传《剑论》显,蒯聩其后也。在秦者名错,与张仪争论,于是惠王使错将伐蜀,遂拔,因而守之。错孙靳,事武安君白起。而少梁更名曰夏阳。靳与武安君坑赵长平军,还而与之俱赐死杜邮,葬于华池。靳孙昌,昌为秦主铁官,当始皇之时。蒯聩玄孙印为武信君将而徇朝歌。诸侯之相王,王印于殷。汉之伐楚,印归汉,以其地为河内郡。"①清乾隆《怀庆府志·沿革考》载:"赵成侯五年,卫败我怀,卫惠王败赵于怀。是战国时又为韩、赵地。"②战国时期,河内地区曾属赵国。司马印的祖上就居住在柏壁寨,即今博爱县的唐村。太史公说的"在赵者,以传《剑论》显"说的是司马印的先祖司马凯,司马凯是我国最早的武术理论《剑道》《手搏》两本著作的作者。司马凯的著作从战国一直流传到东汉,《后汉书·艺文志》载有司马凯《剑道》三十八篇、《手搏》六篇,这些古典武术理论典籍,虽然东汉之后失载,但是它们是河内武术活动的历史总结,与河内的民风民俗紧密相连,已经深深地融化到河内人们的血液之中和灵魂深处。苍公创八极拳就是他经常深入民间,观看民间搏击格斗、打架斗殴的武术活动,将武术者的动作加以凝练而成的。如丁不丁、八不八的步法,即来自于六合枪法,拳打四面八方来自于一人搏多人等,都是以实践为基础创作的。

河内是我国武术文化发展较早的地方,豪侠文化遍及民间,行侠仗义的英雄豪杰比比皆是。比如,两晋之交有个河内太守叫郭默,他原先是一个杀猪的人,轻功十分了得,十多米宽的河涧,他一纵而过;宰牛不需要用宰牛刀,他用双手撕巴撕巴就把一头牛杀了。后来经商发了财,河内的民众都愿意追随他。《晋书·郭默传》记载有他的事迹。北方少数民族领袖刘曜进攻河内。时任河内太守裴整群众基础较差,民众将裴整绑了献给刘曜。这时候,郭默站了出来,自为"坞主"。坞、堡,是汉朝建立起来的民间防卫性组织,后来有人居住成村,叫坞庄。"坞主",大约相当于现在的村民兵负责人。郭默很有号召力,不几天就组织数千人地方武装,与刘曜作斗争。刘曜兵兵强马壮,把河内围得里三层外三层,郭默依然坚持不懈地与刘曜作斗争,为保卫家乡做出了贡献,后来被任命为河内太守、大将军。

在战国时期这里还出过三位著名的剑客,分别为司马凯、司马蒯聩、荆轲。第一位剑客司马凯有《剑道》《手搏》两部武术理论著作传世。第二位剑客是司马印的曾祖父司马蒯

---

① 司马迁:《史记》卷一三〇《太史公自序》,中华书局,1959,第3286页。
② 乾隆《怀庆府志》卷一《沿革考》,乾隆五十四年刻本,第7a页。

聃，史籍也有记载。第三位剑客荆轲的事迹载于《史记·荆轲传》。"荆轲刺秦王"的故事全国老幼耳熟能详。成语"图穷匕见"就是讲的荆轲的事迹。出生于清朝光绪年间的上庄村吕思廉老人曾暴露出一个惊人的秘密，他多次对其孙子说："荆里（现在的荆里村）出过一个大人物哩，他就是刺秦始皇的荆轲。"荆里，现名景里，也称井里。

荆轲，战国末年刺客，卫国人。卫人叫他庆卿。游历燕国，燕人叫他荆卿，亦称荆叔。后被燕太子丹尊为上卿，派他去刺秦王。燕王喜二十八年（前227年）荆轲带着秦逃亡将军樊於期的头和夹有匕首的督亢地图，作为进献秦王的礼物，去见秦王。在献图时，图穷匕见，荆轲刺秦王不中被杀死。卫，古国名，始封之君为武王的弟弟康叔。公元前十一世纪周公平定武庚反叛后，把原来商都周围地区和殷民七族分封给康叔，卫国成为当时的大国，建都朝歌（今河南淇县）。公元前659年卫国被狄人击败，靠齐的帮助，迁到楚丘，即今河南滑县，从此成为小国。后又迁都帝丘，即今河南濮阳。公元前254年为魏所灭，后来在秦的支持下复国迁到野王，成为秦的附庸国。公元前209年为秦所灭。秦王朝统一六国，唯独留下了卫国。从卫国的历史变迁中可以看出，荆轲所居的卫国，并非是建都于濮阳的卫国，也不是建都于滑县的卫国，更不是建都于淇县的卫国，而是建都野王之卫国。野王之卫国是公元前254年建国。荆轲刺秦的故事发生在公元前227年，即野王之卫国建国二十七年之后。因此，说荆轲的故里发生在博爱县荆里村，是符合历史事实的。

荆轲的第一个举动，是向卫元君鼓吹自己的主张。荆轲如果是齐国人，齐国当时是一个大国，去齐国更有利于实现他的主张。他不可能舍近求远跑到卫国这个弱小的国家来实现自己的图谋。其次，荆里村四围绿竹荫荫，树木高耸，是一个极其隐蔽的所在，最适合像荆轲这样不能为外人所道的职业者居住。从多种角度分析，荆里村为荆轲的隐居地是十分可信的。那么，如何解释荆轲后人在濮阳的事实呢？据分析，很可能是荆轲刺秦后，弱小的卫国不能为荆轲的后人提供庇护，为了躲避强秦的追杀，荆氏举家迁回了自己的祖籍齐国。

侠与武是一对紧密联系的孪生兄弟，侠离不开武，武离不开侠。侠必须以武作为支撑；武离开了侠客思想和侠客文化，就失去了其精神风骨。侠武相依的侠客文化和侠客武术是苍公创八极拳的理论基础和创作源泉。

（二）三教合一的寺庙文化

苍公之所以能够创八极拳，与月山寺寺庙文化性质有很大关系。与少林寺一样，月山寺也是一座以曹洞为宗、儒道佛三教合一的寺庙。月山寺第一代住持僧空相和尚是少林寺法和和尚的弟子，月山寺建寺之初就沿袭了少林寺三教合一的建寺宗旨。

河南各地的三教合一来源于唐代千载寺住持十力和尚。十力和尚是唐代贞观时人，在四川通泉寺住持慧震座下学习三教合一。学成归来，在千载寺首倡三教合一，将三教合一从千载寺传播到怀庆府各县寺庙。十力和尚来到少林后，在少林寺建立三教堂舍，从此少林寺就成了儒道佛三教互相依存、互相借鉴，文、武、《易》、医全面发展的著名寺院。

月山寺住持空相和尚继承了少林寺三教合一的建寺宗旨。明朝中后期，月山寺在建筑上逐步建立了道教宫观。先是在东禅院建成大成殿，设立孔子牌位，供僧众、居士、道者祭祀朝拜。开办了教授儒、道、《易》、医为宗旨的义学，招收出身贫寒的子弟、居士来此就读，培养有用人才。在月山寺西坡建立吕祖阁、三教堂。清康熙年间月山寺住持僧沙门静澍手书东方朔所作碑刻《金伞山万寿观自然先生赞》,镌刻成碑,竖立在月山寺三教堂侧;还建立了三清殿,供奉玉清元始天尊、上清灵宝天尊、太清道德天尊。清道光《河内县志·绪传》:"尹寿子,虞舜时人,说道经于河阳。"这个河阳指沁河之阳。唐村太乙宫(太极宫)还留有尹寿子所画的无极图碑刻一通,这也说明了月山寺建成三教合一的寺院的重要原因。空相和尚的三教合一建寺宗旨,使苍公见多识广;儒、道、佛三教的理论使苍公融百家于一体,由一炉散诸百家。

(三)三教融《易》的武术文化

将三教合一文化与《易经》八卦相结合形成的中华先进文化,成为指导苍公创八极拳的文化基础。所谓八极,是指乾、坎、艮、震、巽、离、坤、兑八个方位。其中乾、坎、艮、震在阳方,属阳宫;巽、离、坤、兑在阴方,属阴宫。八极拳中的八大开,就是开八门。八门分为开门、休门、生门、伤门、杜门、景门、死门、惊门。开门居西北乾宫,五行属金。休门居北方坎宫,属水。生门居东北方艮宫,属土。伤门居东方震宫,五行属木。杜门居东南巽宫,属木。景门居南方离宫,属火。死门居中西南坤宫,属土。惊门居西方兑位,属金。用乾、坎、艮、震、巽、离、坤、兑八个宫与奇门遁甲中的八门相结合,与五行六合相结合,是月山寺八极拳诞生的思想基础和理论基础。

八极拳属内家拳法,须内外兼修,凡行内功,多借外辅,由内达外,内壮而外坚,故习练八极拳者,必先懂得意、气、力的结合,要以意领气,意到气到,气到力到。全身上下,一动无不动,一静无不静,动中犹静,静中犹动。小八劲即八极拳的基础拳,又是八极拳的壮功,内养精气神,外壮筋骨皮。八极拳属内外兼修,意形具备,既可强身健体,又能进行技击。习练八极拳艺要内外坚实,心神镇定,通过正确的姿势,使外形运动、呼吸、意识恰当地结合起来,以便于疏通经络,促进真气的运行,加强调息的效果,以后天之气换得先天之气,达到凝神固精、调血理气、坚实内外的作用,从而增强拳术的习练效果。八极拳的传统练法叫"慢搭架子快打拳"。练的时候要求必须做到沉着稳健,不急不躁,一招一式交代得清清楚楚,起到伸筋拔骨的作用。行拳时注意全神贯注,松静,轻灵。灵则气血畅,静则神气凝,凝则发劲完整,故松静是练拳之要诀。

(四)习武强身的创拳宗旨

八极拳虽有"拳打黄河两岸"之称,但是,杀伐不是苍公创八极拳的宗旨。从拳风看,八极拳虽然拳风刚猛,但它是完全按照五行八卦的要求,脚踏八面,拳打八方,气行八脉,完全符合道引养生健康体魄的宗旨。八极拳的行拳过程是一个养心、养气、养神、养德的过程。八极拳的三个套路的行拳有三个特点。第一个特点:招招实招,行拳养身。小八劲、大八劲、粘劲每个套路都只有八个动作,二人对练,一进一退,进进退退,周而复始,无始无终。招招都是实招,没有一招虚招,通过这些简单的招式,练体力,练意志,练应对,达到身体素质整体提高的目的。第二个特点:以心为体,以气为用。以心行气,以功为养,以道为归,以义为法,以运使为效,以呼吸为功,以刚柔为主旨。拳经云:极柔软而后极坚刚,练气以刚而柔为极致,百练刚化为绕指柔。这个化,就是行气养生的过程。练习八极拳既是练气的过程,也是养气的过程,与内功经中的练气、养气学说不谋而合。八极拳虽然拳风刚猛,但是练拳须气定神闲,戒浮戒躁。平时习拳戒浮戒躁,实战时才能在大敌当前心不为动,气不为馁,心境泰然,处之若素。神清而后进退操纵得宜,始可致制强敌。第三个特点:养心养气,贵在养德。俗言:德字分两半,左侧为双人,右侧为直心。就是说为人做事,习武练拳,要胸怀坦荡。练拳要先练德,做品德高尚的人,才能把八极拳学好练好。练拳也是练习心智的过程,要在练拳过程中不断从每个动作中体验武术的核心精神,提高心智,提高理解能力,提高应变能力,把八极拳练活,让拳术成为自己身心的一部分。心智也是武德。老拳师经常提醒弟子,练拳一定要把武练上身、练上心。

三、苍公八极拳产生的社会基础

为什么苍公放着武进士的舒服日子不过而跑到月山寺披缁为大比丘?这与苍公的经历以及他在河内目击的情况是分不开的。苍公是北宋时期人,他考中武进士后,北宋当局投降主义路线使他爱国之志得不到舒展,他心情郁郁,到了河内,看到河内淳朴的民风,看到民众自发组织的抗金斗争,深受鼓舞。河内人民的习武之风不仅为河内人民的武装斗争做出了自己的贡献,也给他沉郁的心增添了活力,为他习武创拳提供了精神的、物质的食粮。

1. 八极拳的创编源于河内民风。河内民风有两个显著的特点。第一是好气任侠。明万历《怀庆府志》载:"汉书其俗刚武尚气力,汉兴二千年治者亦以杀戮为威。又曰,其俗颇奢靡,嫁娶送死过度。而野王好气任侠,有濮上风。又曰,康叔之风歇而纣之化犹存。故俗刚强多豪杰,相侵夺,薄息礼,好生分。"①这段记载载明了河内人的四重性格。一是受纣王好气力的影响,刚强多豪杰,行侠多仗义。二是互相之间因利益关系,互相侵夺,强欺弱,多欺寡。三是在礼节上薄情。四是好生分,动不动就不认人。这四重性格造成了河内人喜欢打斗、侵夺的性格和尚武之风。第二是见义勇为。行侠仗义,见义勇为,抱打不平的本钱是什么?是武术,搏斗,以力、以武胜人。《手搏》虽然自后汉以来失传了,但是,它的技术、理论,并没有从河内人心底消失,一直在民间流传。八极拳在实战中,招招见肉,招招见血,就是从民间武术搏斗中总结继承而来的。

2. 八极拳的形成基于地方习俗。无论田间地头,还是吃饭场所,人们常常讨论搏斗之术,谈到兴奋处,常常下场比试,有的以力制胜,有的以奇制胜,奇招怪术,屡见不鲜。凡有比试,皆有赢有输,有服气有不服气,由此可能产生口角。但是,这些都如小孩子过家家一样,过了两天争斗的人就又聚到一起了,该说笑的,该比试的,照样如前。这些就是苍公创八极拳的社会基础。河内人有个习惯,每到吃饭的时候,都端着大海碗,左手的四、五指夹个盛菜的小碗,右手捏个馍,边走边喝玉米糁熬成的玉米糊,喝得呼噜呼噜有声,然后聚集在大槐树下,边喝稀饭,边议论时事,讨论武术技法。有的要说快,有的说要慢,有的说须擒,有的说用拿,一言不合,就把饭碗往石头上一放,动手比试起来。特别是三秋种麦的时候,拉耧种麦,边种麦边讨论,有了分歧,就在大地上交手,常常是弄得像驴打滚一样,浑身黄土。但是,比试归比试,比试过了,拍拍身上的黄土,像没事儿人一样,该咋做还咋做。八极拳中的虚步亮掌、转身劈拳、侧步推掌等,都带有民间格斗的影子。

3. 北宋末年抗金斗争助推八极拳发展。靖康元年(1126年),两河宣抚使李纲来到

---

① 正德《怀庆府志》卷四《风土风俗》,上海图书馆藏稀见方志丛刊,第3—4页。

怀州,造战车,买马匹,征召勇士,以期集中兵力,大举与金人作战。实行投降主义路线的北宋王朝,却用一纸诏书,将李纲所起之兵解散了。百姓们对宋王朝投降行径深恶痛绝,纷纷组织起来自发参加抗金斗争。在太行的抗金大军中,有一支特殊的军队,就是博爱许良联村的队伍。过去,许良一带人口较少,要组织一支抗金队伍是非常不易的。于是,许良、荻林、七方、太保庄、吴村等(包括现在月山镇的七个自然村)组成了一个联村,各村皆以巷名之,许良为许良巷,七方为七方巷,荻林为荻林巷,太保庄为太保庄巷,吴村为吴村巷,统一组织,统一行动,利用竹林这个天然屏障,进行游击战,沉重地打击了金人的气焰。康熙三十三年(1694年)《河内县志》记载:"绍兴十年,岳飞使梁兴会太行忠义及两河豪杰败金人于垣曲又败之于沁水。梁兴在河北取怀卫二州,大破兀术军,断河北金马纲之路,金人大扰。"[1]文中提到的太行就是现在的博爱清化镇,忠义是沁阳的崇义,两河即黄河在河南U形弯内的焦作、济原、新乡、安阳一带。在岳飞、梁兴的领导下,博爱、沁阳以及怀州、卫州的豪杰们在沁水一带打败了金兵,收复了怀州、卫州,切断了金兀术的退路,使金人"大扰"。许良联村人民抗金,历经北宋,直至金、元朝建立后,也没有松懈自己的斗志。河内人民的战斗精神和在战斗中所使用的民间武术为苍公创八极拳提供了丰富的滋养。

四、苍公八极拳时代源流考

(一)苍公创八极拳与民间习武政策

月山寺环境幽静,是练习武功的好地方,为什么苍公要钻到洞府里练武?其重要原因就是金元时期朝廷禁止汉民族练武。《中国武术史》载:"金、元等民族政权为巩固其统治,强化民族压迫,在朝廷重视习武练兵的同时,又采用禁止民间习武的做法,并制有禁律,有'民习角抵,枪棒罪'之规定;还制定了禁止民间习练摔跤、武术,对违犯者加以治罪的方法。元代自元世祖忽必烈中统四年至元顺帝至正五年(公元1263—1345年)的八十余年间,统治者多次制定严禁汉族民间私藏武器以及习武的禁令,多次收缴民间武器……发现民间私藏铁甲及弓矢等即处死,更禁止民间围猎、练武等活动。史载:诸民间子弟'习练角抵之戏,学攻刺之术者,师、弟子并杖七十七'。"[2]河内是元世祖忽必烈、元英宗孛尔只斤硕德八剌当皇子时的潜邸所在地。两位皇子在潜邸期间,虽然多行仁政,但是在禁武方面都不含糊。他们久在河内民间,深知河内人民习武的传统,因此执行禁武令方面更加严格。

苍公创的八极拳是金元时期特殊时代的产物。由于金元时期是少数民族掌握国家机器,统治者害怕人民起来反抗他们的统治,便采取严厉的措施,禁止民间私藏枪械,禁止练习武术,在那个特殊的年代里,苍公只能躲到洞府里练拳、创拳。民间传说苍公躲到苍公洞里练拳、创拳,符合金元特殊历史时期的政治形势,是非常可信的。

八极拳的传播具有私密性。金元时期八极拳的传播是有局限的、私密的。月山寺的僧人学习八极拳也是偷偷地在晚上或者在苍公的洞府里。八极拳的传播开始时并不广

---

[1] 康熙《河内县志》卷二《古事》,康熙三十三年刻本,第83a—b页。
[2] 国家体委武术研究院编纂《中国武术史》,人民体育出版社,1996,第218页。

泛。善男信女也只能利用去月山寺上香的间隙,由寺僧私教三两个招式,日积月累,以求全貌。

八极拳的大规模传播是在明朝的中后期和清朝初期。当时,朝廷不再限制民间武术的发展,月山寺规模也在扩大,除了总院外,又开办了上下两院。上院为文学堂,下院为武学堂。上院教习贫家子弟学习中医和国学,下院教习贫家子弟学习八极拳强身健体。

清中期晚八极拳走向全国的原因。月山寺度过了明末清初的兴盛期,到清代的康、雍、乾时期开始逐渐走向衰微。寺院的里甲问题长期得不到解决,失去了主管单位,财产得不到保障,寺僧失去了归属感,便出去游方。这些游方僧将月山八极拳带到了全国各地。正是在这个时期"癞"将月山八极拳传给沧州孟村吴忠。十年后,"癖"将六合枪传授给吴忠。

(二)苍公创八极拳与兵书记载

八极拳的创拳与兵书记载的时间顺序相一致。最早记载月山八极拳的是戚继光的《纪效新书》。戚继光的《纪效新书》主要内容涉及练兵治军,同时兼有操练兵器、拳法的经验总结,写成于嘉靖三十九年(1560年)。此时距离苍公创八极拳已经过了300多年,所以,《纪效新书》记载八极拳的时间顺序,符合八极拳的历史发端、史迹发展的时间顺序。

戚继光《纪效新书》所记载的八极拳的名称,与博爱的方言相一致。拳术,博爱方言统称之为武把。武术动作也以把相称。把,一是对拳术的总称,如心意六合拳称为心意把。二是对拳式的总称。以"把"命名的拳势,如单把、双把、夹把、开把、点把、头一把、第二把、第五把、末一把等称呼。三是对武艺、武术、枪术、拳术的总称。称赞人的枪术好,拳术好,武功好,称之为好武把。四是对拳、掌的总称。如打人一下,则称为打人一把。《纪效新书》将八极拳记载为巴子拳,符合博爱的民俗与语言习惯。巴子拳就是指原传的月山八极拳。"癞"传吴忠的月山八极拳,罗疃家传谱书之拳械名目称"把计诠谱",与博爱人所言八极拳音韵相同,只是过去人文化程度低,常常出现同音相代的字罢了。

(三)苍公八极拳与八极拳套路渐进发展

苍公在八极拳创拳之初,就根据八极拳的拳法、身法特点,武术动作的组合,实现武术套路化、实战化。将八极拳分为三种套路,分别为小八劲、大八劲、粘劲,每套八势。

有没有继承小八劲、大八劲、粘劲套路,是判定八极拳源流的一个重要标志。双人对练是让学拳者练上下肢的力量和技巧、攻防、配合、诀窍等的好办法。老拳师们教子弟学习八极拳的第一步,先让子弟自己结对子,先从练小八劲开始。什么时候小八劲学得像模像样了,然后再学大八劲。粘劲是八极拳的高级套路,拳法要求身粘、手粘、步粘,动作连绵不断,招招相扣,密不透风,招招到肉,不能有一丝一毫脱粘失对。贵屯村老拳师郜希彦、路秀田表演粘劲儿,环环相接,无始无终,什么时候意畅神舒才收功。八极拳作为博爱的武术文化从来没有失传,比如,柏山镇的贵屯村、上期城等,许良镇西中道村,鸿昌街区的西庄村,阳庙镇阳邑村等,还有许多人在习练八极武术。

八极拳在博爱不时兴单招教学,通常都是按照小八劲、大八劲、粘劲的顺序循序渐进,学习提高,只有"癞"老师对吴忠进行单招教学,所以八极拳是单招教学还是套路教学是判定八极拳源流的重要标志。

（四）苍公八极拳与六合枪的源流

1. 河南李家六合枪为柏山镇柏山村李氏始祖李孜所创。李孜的父亲在洪洞移民的路上被押解移民的官军打死。移民到达千载寺后，李孜母子没有被分派到村，由千载寺僧众供养。李孜得以自幼随千载寺僧道习武，得到千载寺僧道和唐村司马氏前辈的指教，武艺高强。成年后移居柏山村东寨，成为该村李氏始祖。《武魁李孜传碑》："李公讳孜，字公勉，大明贡生，河内郡人，习文习武，研武圣门，无极原理，阴阳神韵，六合枪技，缠功制敌，太行方士，创枪通臂，一百单八，枪把技法，永乐考榜，忠武校尉，授把山阳，传枪蓬莱。"①李孜传碑说明明洪武、永乐年间李孜的六合枪就已经很著名了。

2. 李孜的六合枪得杨家枪的真传和精髓。宋元时期的枪法家杨妙真在其丈夫李全失败被杀后，销声匿迹。从现有的资料看，杨妙真是到千载寺太极宫修道去了。其原因，一是千载寺是全真教的源头。据《西汉圣门贤士刘自然传万寿观主自然先生传碑》记载，金伞山万寿观主的传承体系是"始祖伏羲氏，先师尹寿子。文王姜子牙，老子孔夫子。门贤河上公，葛洪张道陵。华佗钟离权，许逊司马祯。王弼魏华存，孙真李十力，吕岩渡陈抟，术丹脉贤祭"。全真教主王重阳是吕洞宾的弟子，全真教是金伞山万寿观道教的一个支属，其三教合一思想就出自金伞山万寿观。二是王重阳、丘处机都曾到千载寺太极宫寻根访祖，学习导引养生之术，在千载寺还留有题词碑刻。杨妙真作为王重阳、丘处机的弟子，去千载寺太极宫朝圣，修炼导引养生功顺理成章。三是千载寺太极宫当时属于元朝统治，作为元朝的退职官员，在那里有安全保障。四是近代发现的旁证。2002 年博爱县文物局考古队对焦作至温县高速公路修筑前对高速路经过的地方进行文物普查，曾在唐村东南地发掘一座古墓。该墓是呈八角形的元代墓，出土文物中有一块墓砖，上写"河内清期乡李全之墓"。在元代，唐村李氏还没有移民至此，这个李全疑是杨妙真的丈夫李全，联系程冲斗所说的唯有李克复的六合枪得到杨家枪真传的说法，如果将李全墓砖作为杨妙真在太极宫学道的旁证，不能说毫无道理。

3. 河南李家六合枪的传播。一是李孜在山东的传播，二是李克复传程冲斗，三是李从谆传戚继光和戚家军，四是"癣"传沧州吴忠。河南李家枪与戚继光的交集始于明嘉靖三十二年（1553 年）戚继光抗倭时期。戚继光龙山之战败北于倭寇之后，延请千载寺武魁李从谆等枪法大师在龙山整顿军队。在戚继光整军时，李从谆等将河南李家枪传授给戚继光的部队。《千载寺三圣祠太极宫募征抗倭枪师铭碑》记载李从谆"龙山教枪，助戚抗倭"②，说明戚继光《纪效新书·长兵》篇里提到的杨家枪来源于河南千载寺武魁李从谆所传授的河南李家枪。

4. 河南李家六合枪与沧州八极门六合枪的源流关系。沧州六合枪枪谱《罗疃六合大枪谱》是吴忠的第三代传人李大忠所录。李大忠，河北孟村县罗疃人，清嘉庆十六年（1811 年）生，十二岁开始学练家传的拳术；贴身靠。道光二十年（1840 年）年奉拜师贴，投丁孝武门下，将拜师时，被丁孝武师兄吴永看中，丁孝武将李大忠送与师兄吴永，并约定两人共教一徒。丁孝武、吴永将自己的全身武艺传授给了李大忠。当时流传俚语："南京到北京，

---

① 《千载寺武魁李孜传碑》，《千载寺碑抄》（二），抄本现存千载寺，第 2 页。
② 《千载寺三圣祠太极宫募征抗倭枪师铭碑》，《千载寺碑抄》（三），抄本现存千载寺，第 6 页。

大枪属李大忠。"李大忠在《罗瞳六合大枪谱》所载的六合枪的源流、枪法、枪理,与河南李家枪法一脉相承,同属一家枪法。

从枪法源流看,河南李家枪属杨家枪脉系。李克复传程冲斗的《长枪法图说》:"器名枪者,即古之丈八矛也。其法遵杨家,然未稽杨之为何时人也。《通鉴》载宋宁宗时,有红袄贼李全,善运铁枪,后败。妻杨氏谓郑衍德等曰:'二十年梨花枪,天下无敌手。'今枪中有'梨花摆头'之名,岂其人欤?岂以其艺之高而不以人废欤?若稽实,则有望于博洽君子耳。世人尊枪为艺中之王,盖亦以长技无逾于此。余甚慕焉,访有河南李克复善其技,余师之,得其法。"①(见图一)程冲斗的师傅李克复《千载寺武魁李克复传碑》记载:"李公克复,字巍,名魁,万历癸酉生诞龙辰,六岁习武,拜枪圣门,悟灵聪慧,造枪心意,八母神韵,六合缠技,十八成名,功夫无敌,河内武庠,授枪皖晋,豫东传把,武其慕焉。"②《罗瞳六合枪谱》则说:"夫长枪之法,始于杨氏,谓之白梨花……唯杨家枪虚虚实实,着奇正,其进锐,其退速,其势险,其节短,不动如山,动如雷震。故曰二十年梨花枪天下无敌手。"③

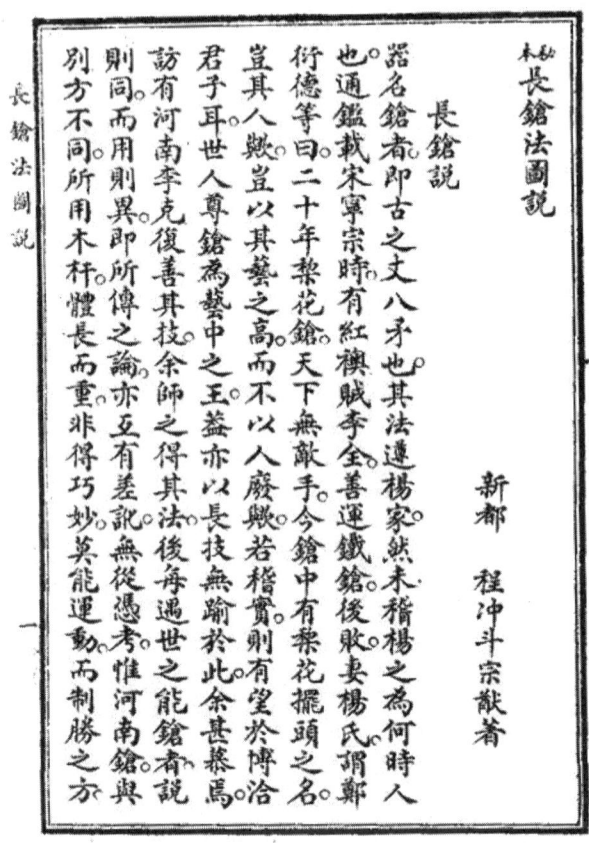

图一　程冲斗《长枪法图说》

---

① 程宗猷:《长枪法图说》,大东书局,1926,第1页。
② 《千载寺武魁李克复传碑》,《千载寺碑抄》(二),第5页。
③ 李大忠:《李大忠家传拳械名目》,抄本,1919。

从六合枪的师承传递看,罗疃六合枪出自河南李家枪。《罗疃六合大枪谱》所记载的枪法是"癖"老师所传。"癖"为"癫"师的弟子;《罗疃六合大枪谱》的八极拳和六合枪,从"癖""癫"老师向上追根溯源,说是出自戚继光的《纪效新书》,岂不知戚继光《纪效新书》中所载的杨家六合枪出自千载寺枪法大师李从谆的传授!

从枪谱结构上看,程冲斗《长枪法图说》与《罗疃六合大枪谱》一脉相承。程冲斗《长枪法图说》的结构:一、长枪说;二、六合、原论并注;三、散扎拔萃;四、长枪式说。《罗疃六合大枪谱》的结构:一、长枪总说;二、八母起手;三、长枪式;四、枪法源流。(枪法、剑法杂论不属于六合枪原谱)可见,《长枪法图说》与《罗疃六合大枪谱》内容基本相同。

从枪法理论上看,《长枪法图说》与《罗疃六合大枪谱》几无二致。《长枪法图说》载"六合枪":"一合先有圈枪为母,后有封闭捉拿,拿枪救护,闪赚是花枪,名曰'梨花摆头';二合先有缠枪,后有拦枪,黄龙占杆,黑龙入洞,拿枪救护,闪赚是花枪,名曰'凤点头';三合先有圈指,后有圈袖,鹞子拿鹌鹑救护,闪赚是花枪,名曰'白蛇弄风';四合先有白拿,后有进步,如猫凑鼠,掤退救护,闪赚是花枪,名曰'铁扫帚';五合先有四封四闭,闪赚是花枪,名曰'拨草寻蛇';六合一截二进,三拦四缠,五拿六直,共加六路花枪。中吊四路、梨花摆头、凤点头、白蛇弄风、铁扫帚、拨草寻蛇。"①《罗疃六合大枪谱》对六合枪的描述上和图谱上,与《长枪法图说》文理、字句基本一样。(详见下图二)

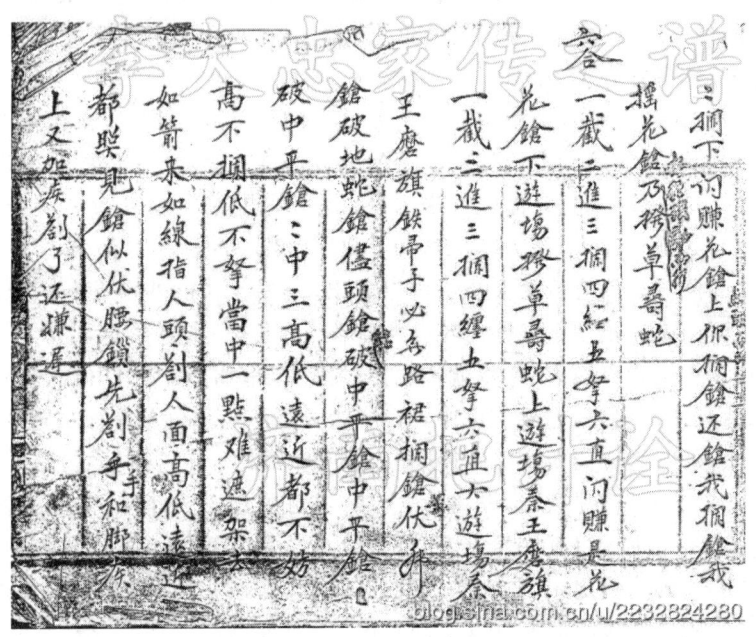

图二 《罗疃六合大枪谱》关于"六合枪"的文字

枪法技法上,河南李家枪更胜一筹。《长枪法图说》:"惟河南枪,与别方不同,所用木杆,体长而重,非得巧妙,莫能运动。而制胜之方,其要亦惟以中平为主。虽有掤、拿、勾、捉等法,深思临敌便捷,可望常胜者,无过大封大劈为最上。何也?询曾临敌者云:斗杀之际,人心慌乱,惟以其枪击地而已。此非平日演习之过,乃慌乱之际,常情固如是耳。今大

---

① 程宗猷:《长枪法图说》,大东书局,1921,第5—9页。

封大劈,有类于击地之常情,而借地之势,反易于起扎,且扎入有力,是便于吃枪还枪也,故曰'最上'。封劈之后,即以还枪为最急。如敌人扎我圈里,我即拿封至地,枪头颠起,借力一枪扎去,敌人格开,复又扎来,我又照前扎去,圈外皆同,无暇用别着,故曰'最急'。进退斗杀,即以'凤点头'为最疾。如敌人败走,我将枪头点地,或闪左或闪右,赶进将近,扎敌一枪。如被敌格开赶来,我即将枪头拖拉点地,退走离远,即有救手。看敌人何以入来,我则何以应之,故曰'最疾'。诱敌即以'闪赚'为最胜。所谓闪赚者,如敌人一枪扎来,我用拿开进步,竟持中平而入。敌见我枪至彼,彼必一拿,我即审敌拿力将半,便将枪一闪,串彼圈外,扎敌一枪,彼必不能救,里外皆同,故曰'最胜'。其他着各传皆有一百八扎,名虽不同,用亦多异,总之似不能及此七着之妙。余着习熟,听便应用可也。今欲入弩兼用,故去其繁,惟载八枪母、六合法、散扎拔萃一篇,绘数势图,直述用法。笔中不能曲尽形容,然枪法亦不过二手,持以阴阳,一仰一覆,运用而已。虽有直进直退、左闪右闪等法,大抵皆以四平为主,所谓艺中之王者,即此也。然常习用之时,又当以圈外重致其功。何也?盖圈里败枪易救,而圈外败枪难救也。如死掤对翻身掤退,是救圈里败枪之法,可称死中反活。如圈外败枪,惟勾枪一着耳,虽云无中生有,然犹不能如二掤退之便也。夫圈里败枪,尽败于左,前手不及持枪,惟后手往后一拉,掤起你枪,前手即得持枪扎你,势力皆顺。如圈外败枪于右,虽用勾枪,还要移步于右,前手急抢持枪,方得用勾也。故师秘语云:'胜在圈外,败亦在圈外。'"①程冲斗用最上、最急、最疾、最胜四个词证实了戚继光对河南枪法的评价:"河南枪法拿捉好。"②

从枪法的特点看,罗疃六合枪与河南李家枪也同出一脉。其一,在执枪上,后手都是执在枪的末端。其二,罗疃六合枪的单出手就源自河南李家枪。《长枪法图说》:"戚继光《纪效新书》云'河南枪法拿捉好而无进步',夫二合'凤点头'非进步乎?又云'单手扎人,名为孤注',谓短兵格开而入,是为弃枪矣。不知法中'一寸长,一寸强'乎?"③

从八极拳的源流与六合枪的源流中可以看出,沧州孟村的八极拳和六合枪分别源自月山八极拳和河南李家枪法。民国二年(1933年)《沧县志》载:"吴忠,北方八门拳术之初祖也,字弘声,孟村镇天方教人,八岁就傅聪慧过人,年甫弱冠,勇力出众,遂弃书学技击,昼夜练习,寒暑无间。一夜,方舞剑庭中,有欻然自屋而下者,气象岸然黄冠羽士也。叩其姓字,不答。坐谈武术,皆闻所未闻,继演技击,更见所未见。遂师事之,受八极之术。道士留十年,忽曰:'吾术,汝尽得之,吾将逝矣。'钟泣且拜曰:'十年座下,贶我良多,惟以不知师之姓名为憾。'道士曰:'凡知癞字者,皆吾徒也。'言罢辞去。不数武杳然无踪。逾二年,又一人来谈,次知癞之弟子,亦秘其姓氏,惟曰'吾癖字也'。赠八极秘诀一卷,并传授大枪奥妙。"④从吴忠的传记中可以明确看出,传授吴忠八极拳的"癞"师和传授吴忠六合长枪的"癖"位师傅同是河内寺庙里的道者。但是,"癞"师父没有将月山八极拳的全部

---

① 程宗猷:《长枪法图说》,大东书局,1921,第1—4页。
② 程宗猷:《长枪法图说》,大东书局,1921,第4页。
③ 程宗猷:《长枪法图说》,大东书局,1921,第4页。
④ 李学谟:《沧县志》卷八《文献人物武术·吴忠传》,载《中国地方志集成·河北府县志辑》第42册,第320页。

套路传授给吴忠,而是只传授给吴忠八极拳的主要动作。用现代人的话说,"癞"是单招教学,没有传授吴忠八极拳的小八劲、大八劲、粘劲三个套路。

　　本文从八极拳的由来、理论与实践、社会基础以及八极拳的源流与传递等进行考论,以求正本清源,还八极拳创拳历史的真实面貌。拳界对八极拳的一个最大误解就是一味强调八极拳的刚猛,忽视了八极拳的轻柔。究其原因,就是没有学过月山八极拳的粘劲。什么是粘劲?粘,同黏,粘连的意思。粘劲套路就是练习二人攻防动作紧紧地粘连在一起,习练者发不出刚劲的时候如何攻防。要求必须用柔劲听劲,用内力化劲,以破解对方的攻防。只有学会了粘劲,才能真正体会八极拳发力于脚跟,行于腰际,力贯指尖,不用膀撞天即倒,不用脚跺即可震九州的境界。从这个意义上讲,粘劲是判定八极拳发源地的重要标志。另一方面,我们也可以窥得八极拳对其他拳术、兵器操练的影响。

Yueshan Bajiquan in Boai County, Henan Province
Wei Meizhi

Abstract: Yueshan Bajiquan has a rich historical heritage and theoretical basis. It originated from the folk practice of martial arts and the folk chivalrous culture in Hanoi. It was based on the temple culture of three religions in one. The three religions were integrated into the culture in *The Book of Changes*. The three routines of Yueshan Bajiquan, Da Bajin, Xiao Bajin and Nianjin, are the mother routines of Bajiquan inherited from all over the country. It is concise and compact in structure, which is rare practical martial art in China's *wushu* routines. Together with the Six-in-One Gun, it is known as the two major martial arts categories of "gun-shooting on both sides of the Yellow River and boxing on Nanjing and Beijing".

Key words: Dingding; Qiankun; Yueshan; Bajiquan

古文字研究

出土文献所见秦、汉律对家庭伦常的规范

林文庆

摘要:《中庸》曾以君臣、父子、夫妇、昆弟、朋友之交为天下达道,孟子更指出其人伦内涵为"父子有亲,君臣有义,夫妇有别,长幼有序,朋友有信"。伦常来自于对人们之间相处的一种观察,因为与他人的互动,于是有了对自我以及他人的期待,其后则被凝练成具体内涵而为人们所依循,最终成为整体社会的一种价值认知。上述五种伦常关系的落实,对社会安宁的建构,乃至于对国家政权的稳定,都是一股非常重要的力量。伦常的具体落实可以通过教育或宗教力量完成,但某种程度是建立在深化了的自我道德价值认知上,这并不适用于所有人。对一般人而言,伦常规范往往更需以强制手段去保证其落实,约制力强的法律即是一种重要的工具。本文主要便是通过近年出土的秦、汉法律文献,尝试说明律文如何对家庭伦常进行规范,同时论述其规范意义。

关键词:秦律;汉律;伦常;不孝;乱伦

作者简介:林文庆(1964—),男,中国文化大学中国文学系副教授,主要研究方向:汉语言文字学及秦、汉出土文献。

一、前 言

简牍是战国以迄秦汉时期最习见的书写材料,根据书面文献记载,汉代以来即陆续出土不少先秦古籍简牍文献。① 20 世纪初,随着科学考古发掘,中国西北境内掘获大量的汉简;内地同时也出土为数不少的战国、秦、汉简与三国吴简,其中虽不乏先秦古籍,数量更多的是当时各级政府所留下的公文档案。对研究者来说,广泛涉及政治、经济与社会诸层面活动的公文档案,自可对制度的研究产生一定推动作用。20 世纪中叶后,先后有 3

---

① 见林剑鸣:《简牍概述》,谷风出版社,1987,第 6—13 页。

批载有丰富法律史料的竹简出土。1975年末至1976年初,湖北省博物馆等单位在云梦县睡虎地挖掘出12座战国至秦代时期的秦墓葬,编号M11墓葬棺内出土1150多枚竹简,内容计有《编年记》、《语书》、《秦律十八种》、《效律》、《秦律杂抄》、《法律答问》、《封诊式》、《为吏之道》、《日书》甲种、《日书》乙种,全部竹简里,法律文书即占去大半,有613枚之多。① 1983年末至1984年初,湖北省荆州地区博物馆在江陵县的张家山清理出3座西汉初年墓葬,编号M247出土了1236枚竹简,其中,《二年律令》计有526枚,所见律令名有贼律、盗律、具律、告律、捕律、亡律、收律、杂律、钱律、置吏律、均输律、传食律、田律、□市律、行书律、复律、赐律、户律、效律、傅律、置后律、爵律、兴律、徭律、金布律、秩律、史律、津关令28种;另涉及司法诉讼纪录的《奏谳书》,数量亦达228枚。② 又2007年12月,湖南大学岳麓书院从香港抢救性地收购了一批珍贵秦简,其中较完整的简有1300余枚,《奏谳书》有150余枚,《律令杂抄》数量达1000余枚。③ 过去研究秦、汉法制,仅能从书面文献里爬梳相关资料,律令条文虽见诸史籍载录,然多遭割裂而难见全貌。上述三批出土文献的重要价值在于:该法律史料提供了相对完整的资料,不论是就法制史还是就法律思想史研究的进展,都称得上是意义非凡。

二、伦常的范畴及意义

伦常是来自于对人们之间相处模式的观察,因为与他人的互动而有了对自我以及他人的期待,因此被凝练成具体的内涵而为人们所依循,最终成为整体社会的一种价值认知。《左传·文公十八年》言:

举八元,使布五教于四方,父义、母慈、兄友、弟共、子孝,内平外成。

落实"五教"④,内外于是得安,且清楚揭示五教的实质内涵:父亲义方、母亲慈爱、兄长友爱、弟幼恭敬、子女孝顺。据此可推知,"五教"是以婚姻、血缘关系为诉求对象的。然在婚姻、血缘之外,另可见纳入君臣与朋友者,《礼记·中庸》即以君臣、父子、夫妇、昆弟、

---

① 《云梦睡虎地秦墓》编写组:《云梦睡虎地秦墓》,文物出版社,1981,第12—22页。本篇论文所举秦简材料系根据《睡虎地秦墓竹简》平装本,文物出版社,1978。简文征引后,随之标上所见该书页次。
② 张家山汉墓竹简整理小组:《江陵张家山汉简概述》,《文物》1985年第1期,第9—15页。此批简牍的全部图版及释文已经集结成《张家山汉墓竹简[二四七号墓]》,文物出版社,2001。
③ 陈松长:《岳麓书院所藏秦简综述》,《文物》2009年第3期。《奏谳书》(此名为暂定)的全部图版及释文已经集结成《岳麓书院藏秦简[叁]》,上海辞书出版社,2013。原暂定名之《奏谳书》则依简背所见类似标题的文字,改称《为狱等状四种》。至于《律令杂抄》部分正在整理中。
④ 《尚书·舜典》"舜徽五典,五典克从",孔安国传:"五典,五常之教:父义、母慈、兄友、弟恭、子孝。"据此可知,孔氏以为"五典"即《左传》所称"五教",其义为"五常之教"。

朋友之交为天下达道①,且所追求的是"父子有亲,君臣有义,夫妇有别,长幼有序,朋友有信"②。当所有人都被赋予一定角色而出现在生命舞台上时,自然就得承担并且落实社会加诸在自己身上的责任或义务,《韩非子·忠孝》言:

> 臣事君,子事父,妻事夫,三者顺则天下治,三者逆则天下乱,此天下之常道也……孝子之事父也,非竞取父之家也;忠臣之事君也,非竞取君之国也。③

文中提及君臣、父子、夫妇三种伦常,臣以忠事君、子以孝奉父、妻以顺侍君的形象早已根深,并被视为国家治乱的指标。从家庭的夫妇、父子到邦国的君臣这三种伦常关系的落实,对建构社会安宁、稳定国家政权来说甚为重要。古代法典著作已具体呈现此一思维,《唐律疏议·名例律》④载"十恶":

一曰谋反。谓谋危社稷。
二曰谋大逆。谓谋毁宗庙、山陵及宫阙。
三曰谋叛。谓谋背国从伪。
四曰恶逆。谓殴及谋杀祖父母、父母,杀伯叔父母、姑、兄姊、外祖父母、夫、夫之祖父母、父母。
五曰不道。谓杀一家非死罪三人,支解人,造畜蛊毒、厌魅。
六曰大不敬。谓盗大祀神御之物、乘舆服御物,盗及伪造御宝;合和御药,误不如本方及封题误;若造御膳,误犯食禁;御幸舟船,误不牢固;指斥乘舆,情理切害及对捍制使,而无人臣之礼。
七曰不孝。谓告言、诅詈祖父母、父母,及祖父母、父母在,别籍异财,若供养有阙;居父母丧,身自嫁娶,若作乐,释服从吉;闻祖父母、父母丧,匿不举哀,诈称祖父母、父母死。
八曰不睦。谓谋杀及卖缌麻以上亲,殴告夫及大功以上尊长、小功尊属。
九曰不义。谓杀本属府主、刺史、县令、见受业师;吏、卒杀本部五品以上官长,及闻夫丧,匿不举哀,若作乐,释服从吉及改嫁。
十曰内乱。谓奸小功以上亲、父祖妾及与和者。

从"十恶"罪的内容来看,其中"谋反""谋大逆""谋叛""大不敬"诸名目都是针对颠覆国家政体以及相关可能危害皇权统治而制定的规范,至于"恶逆""不孝""不睦""内乱"等则是重视家庭伦常规范的展现。十恶名目虽是后起,但唐代以前文献已出现部分规范内

---

① 孔颖达《礼记正义》以为达道"是人间常行道理",朱熹《四书章句集注》则认为是"天下古今所共由之路"。
② 《孟子·滕文公上》。先秦古籍可见诉求对象与此微异者,《左传·昭公二十六年》:"礼之可以为国也久矣,与天地并。君令、臣共,父慈、子孝,兄爱、弟敬,夫和、妻柔,姑慈、妇听,礼也。"君臣、父子、兄弟、夫妻之外,另带入"姑妇"(即婆媳)。
③ 陈奇猷:《韩非子集释》,华正书局,1987,第1107-1109页。
④ 长孙无忌等:《唐律疏议》,刘俊文点校,弘文馆出版社,1986,第6-16页。

容,陈顾远对此曾论述说:

中国向之视为罪大恶极者,不出两类。其一,关于叛逆之犯罪行为,此为维持家天下之地位,不得不严也;其一,关于反伦之犯罪行为。此为有助君纲之树立,不得不重也。①

陈说甚当,只是树立君纲、维持家天下之地位,固然为古代刑律首要维护的目的,但确立家庭伦常规范并加以落实,自当也是古代律法追求的精神所在。

三、秦、汉家庭伦常规范初探

《周礼·地官·小司徒》"上地家"句下,郑玄注言:"有夫有妇然后有家。"说明家系由夫妇组合而成。王玉波则以为:

一般来说,家庭是以婚姻和血缘关系(包括血缘关系补充形式的收养关系)为纽带的、具有一定社会功能的生活共同体。②

家庭成员除夫妇二人,当然还包括所生子女,《睡虎地秦墓竹简》即有"夫、妻、子五人共盗"(第209页)、"夫、妻、子十人共盗"(第209页)的记载。汉代的家庭结构里,此种以夫、妻、子组成的核心家庭占去相当比重。③ 此外也可见由两代或三代人组成,即由父母和一对已婚子女组成主干家庭,或由父母、一对已婚子女及其子女组成的主干家庭。④ 家庭成员里的夫妻、父子及同产⑤之间,都因婚姻或血缘关系而被紧密联结在一起,同时被赋予有别于一般人彼此间互动的伦常规范。今谨就出土文献所见秦、汉时期的律令条文及相关文献记载,分别透过家庭成员里的父母子女、夫妻、亲属之间的关系进行探论。

(一) 难容"不孝"

《孝经·五刑章》言:"子曰:'五刑之属三千而罪莫大于不孝。'"此段文句充分说明古

---

① 陈顾远:《中国法制史》,中国书店,1988,第296页。
② 王玉波:《中国家长制家庭制度史》,天津社会科学院出版社,1989,第2页。
③ 岳庆平:《汉代家庭与家族》,阎步克审定,大象出版社,1997,第11—17页。
④ 岳庆平:《汉代家庭与家族》,阎步克审定,大象出版社,1997,第17页。
⑤ 关于同产的范围,后代学者多有不同看法,《汉书》卷七十二《龚胜传》"同产"下,颜师古注:"同产,兄弟也。"日人西田太一郎曾提出姊妹是否为同产的质疑。见《中国刑法史研究》,北京大学出版社,1985,第151页。根据居延汉简24.1B所载"男同产""女同产",见《居延汉简释文合校》,文物出版社,1987,第35页。是同产当涵括兄弟姊妹。然其是否同父或同母,说法亦见参差,主张同母者,《后汉书》卷二《明帝本纪》"同产"下,章怀太子注:"同产,同母兄弟也。"另以为可以是同父者,《汉书》卷九十八《元后传》"太后同产唯曼蚤卒"下,张晏注:"同父则为同产,不必同母也。上言唯凤、崇同母也。"据上述古代文献,日人富谷至认为同产应该是指拥有同一父亲的兄弟姊妹,见富谷至:《秦汉刑罚制度研究》,柴生芳、朱恒华译,广西师范大学出版社,2006,第174页。然若从张晏注观察,笔者倾向认为同产可以是同父或同母所生的兄弟姊妹。

人对于"孝"的重视。孝在家庭或家族里,实际是体现在对尊长的敬重及顺从行为上,《论语·为政》载:

> 子游问孝。子曰:"今之孝者,是谓能养。至于犬马,皆能有养。不敬,何以别乎?"

孝道不应只是形式上养活父母而已,更重要的是要有一颗尊敬的心,《礼记·祭义》言:"曾子曰:'孝有三:大孝尊亲,其次弗辱,其下能养。'"更是以为孝子之至在于尊亲①,孝不但能维系家庭与家族的和谐,更能带来社会的安宁及祥和。

儒家对于孝道的推崇,一直以来都受到政权统治者重视。然孝并不仅只是一个抽象的概念,而是具体落实在生活之中。早在战国时期,秦国就有关于"不孝"罪的事件记载,秦简《封诊式》:

> 告子爰书:某里士五(伍)甲告曰:"甲亲子同里士五(伍)丙不孝,谒杀,敢告。"即令令史己往执。令史己爰书:与牢隶臣某执丙,得某室。丞某讯丙,辞曰:"甲亲子,诚不孝甲所,毋(无)它坐罪。"(第263页)

这是一则士伍②控告自己的亲生儿子不孝,请求处以死刑的法律文书纪录。另秦简《法律答问》载:

> 免老告人以为不孝③,谒杀,当三环之不?不当环,亟执勿失。(第195页)

司法程序上,免老告发某人不孝④,要求处以死刑时,要立即拘捕,勿令逃走。到了汉代,统治者对于犯不孝罪者,尚且制定相关刑法予以制裁,张家山汉简《奏谳书》引故律曰:

> 教人不孝,次不孝之律。不孝者弃市。弃市之次,黥为城旦、舂。(第108页)

意思是:犯不孝罪者,处以弃市死刑;使他人犯下不孝罪者,则减死罪一等,即须在脸上刺青,同时被论处为刑徒城旦或舂。相较于杀人犯、叛乱犯家属等性质严重或危害性强的犯罪而被处以弃市死刑⑤,"不孝者弃市"的规范,可说是非常严苛的,然所以提升到此一层次,正说明政权对维护家庭伦常的高度重视。

---

① 《孟子·万章上》言:"孝子之至,莫大乎尊亲。"看法与《礼记·祭义》同。
② 刘海年《秦汉"士伍"的身份与阶级地位》:"(士伍)是:无爵或被夺爵后的成丁。"载《战国秦代法制管窥》,法律出版社,2006,第318页。
③ 免老,秦简整理小组注释为"六十岁以上老人",并语译"免老告人以为不孝"为"老人控告不孝"。案:整理小组未译出简文"告"后之受词"人",致使"控告不孝"之语意不易通晓。
④ 此处援引的译文,乃依日人籾山明:《中国古代诉讼制度研究》,李力译,上海古籍出版社,2009,第58页。
⑤ 阎晓君:《秦汉法律研究》,法律出版社,2012,第164—165页。

张家山汉简里,可见许多关于子殴杀伤父母等违反孝道的法律制裁,《二年律令·贼律》载:

> 子牧①杀父母,殴詈泰父母、父母、叚(假)大母、主母、后母,及父母告子不孝,皆弃市。②(第13页)

律文意思为:凡子女意图谋杀父母,殴打詈骂祖父、祖母等,以及被父母控诉不孝者,依法,一律都处以弃市之刑,论罪更重于秦。③ 又《二年律令·贼律》载:

> 子贼杀伤父母,奴婢贼杀伤主、主父母妻子,皆枭其首市。(第13页)

律文规定,凡子女故意杀伤父母,奴婢故意杀伤主人或者是主人的父母、妻及子者,居心尤其可恶,因此一律斩其首并悬市以示众。④ 至于非属家庭成员的一般贼杀、伤事件,《二年律令》也有所规范,《贼律》载,"贼杀人、斗而杀人,弃市","贼伤人,及自贼伤以避事者,皆黥为城旦、舂"。律文规定:贼杀人须处以弃市之刑,贼伤人则处以"黥城旦、舂"。然相较之下,"子贼杀伤父母"则枭首,可知其罪行远比一般的贼杀、伤人事件要来得严重。

对于家庭成员以下犯上、败坏伦常的行为,不仅行为实施者须受到重惩,其妻子也将因此受到波及,《二年律令·贼律》载:

> 贼杀伤父母,牧杀父母,欧(殴)詈父母,父母告子不孝,其妻子为收⑤者,皆锢⑥,令毋得以爵偿、免除及赎。(第14页)

据上论述知,贼杀伤父母者枭首,牧杀父母、殴詈父母等不孝者弃市,均为死罪。凡是夫犯下此等死罪,则其妻、子都将被收孥且被剥夺某些权利,而不得以爵位或透过缴钱换

---

① 竹简整理小组注释引秦简《法律答问》:"可(何)谓牧?欲贼杀主,未杀而得,为牧。"牧,其意即"谋"。
② 此段文句的句读,改依王子今、范培松《张家山汉简〈贼律〉"叚大母"释义》,《考古与文物》2003年第5期。至于"叚大母",王、范二人则认为"应当是非亲生的,没有直接血缘关系的祖母辈长者。有可能是其父的继母、后母"。说见该文第55页。
③ 《睡虎地秦墓竹简·法律答问》言:"殴大父母,黥为城旦、舂。今殴高大父母,何论?比大父母。"(第184页)由秦律规定可知,凡殴打祖父、祖母者,论处"黥城旦、舂";张家山汉律则处以弃市之刑,论刑实较秦为重。
④ 死刑亦有罪行等级之别,《晋书·刑法志》引张斐《注律表》:"枭首者恶之长,斩刑者罪之大,弃市者死之下。"可参。
⑤ 竹简整理小组释云:"收,即收孥。"《孟子·梁惠王下》"罪人不孥",赵岐注:"孥,妻子也……罪人不孥,恶恶止其身,不及妻子也。"可知收孥的对象为罪犯的妻与子。
⑥ 竹简整理小组释云:"锢,禁锢。"张伯元认为锢并不是指关禁闭或施加刑具,而"是一种'受禁'(令毋得以爵偿、免、除及赎),剥夺某些权力的惩罚,是一种身份刑。"见《出土法律文献研究》,商务印书馆,2005,第229页。

取免除罪刑。从连坐者这项法律权利被剥夺来看,便可充分体认到统治者无法容忍以下犯上的逆伦行为。

(二) 维护"家长权"

父系社会里,男性尊长基本上是家庭内最主要的权利行使者,拥有对所属成员的人身与财产支配权。秦简《法律答问》摘录一则律文,说明了当时对于财产权的认知,其云:"父盗子,不为盗。"(第159页)意思是父亲盗取儿子的东西,不认为是盗窃。这条简短的律文传达出父亲是家庭财产的唯一所有人,因此即便是父亲偷取儿子财物也不构成刑事犯罪。这条法律规范在某层面上,确认了父权的至高无上。另外在教养上,古代文献亦多凸显出家长所扮演的积极意义,《吕氏春秋·孟秋纪·荡兵》言:

家无怒笞,则竖子婴儿之有过也立见;国无刑罚,则百姓之悟相侵也立见;天下无诛伐,则诸侯之相暴也立见。

又《唐律疏议·名例》亦言:

刑罚不可弛于国,笞捶不得废于家。

古人以为家中无笞鞭则孩子必然有偏差行为,国家无刑罚则百姓彼此间即会产生纠纷伤害。在家庭管理上,既然不可无笞,则势必得赋予父母对子女有一定的教令权与惩罚权,《二年律令·贼律》载:

父母殴笞子及奴婢,子及奴婢以殴笞辜死,令赎死。(第14页)

父母殴打鞭笞子女以及其家奴婢,因而导致子女及奴婢在一定期限内因伤而死者①,父母可以缴付赎金二斤八两来取代死罪②;反之,子女杀伤父母则被处以弃市。同样是侵害人身导致死亡,二者论罪却有所不同,其中当即考量了行为者与被害者的血缘关系与尊卑长幼身份。

秦、汉统治政权在凸显家长权,并保障其不容家庭族成员侵犯的思维上,更是具体落实在相关的法律诉讼条文里,秦简《法律答问》载:

"公室告。"[何]殴(也)? "非公室告"可(何)殴(也)? 贼杀伤、盗它人为"公室";子盗

---

① 针对张家山汉律所见"辜"字之义,竹简整理小组引《急就》篇"保辜"语下,颜师古注云:"保辜者,各随其状轻重,令殴者以日数保之,限内致死,则坐重辜也。"只是限内之日多少则未见说明。案,《二年律令·贼律》有云:"斗伤人,而以伤辜二旬中死,为杀人。"又《汉书·高惠高后文功臣表》载嗣昌武侯单德,"元朔三年,坐伤人二旬内死,弃市"。依此以观,则判定伤者之死亡是否来自于斗伤的观察期限或当为二十日。
② 律文见《二年律令·具律》,其言:"赎死,金二斤八两。"

父母,父母擅杀、刑、髡子及奴妾,不为"公室告"。(第 195 页)

"子告父母,臣妾告主,非公室告,勿听。"可(何)谓"非公室告"? 主擅杀、刑、髡其子、臣妾,是谓"非公室告",勿听。而行告,告者罪。告[者]罪已行,它人有(又)袭其告之,亦不当听。(第 196 页)

第 1 例简文分别针对法律用语"公室告"与"非公室告"的含义进行解释说明。根据所载内容知,上述二词都涉及贼杀伤人与盗窃的犯罪行为,而"公室告"与"非公室告"之别,主要是从侵犯者与被侵犯者的身份关系而加以划分。"公室告"是指对于非家庭成员之间侵害人身、财产,受害者本人得对上述行为进行自诉,或由国家所设专门机构的人员提起公诉,同时国家还奖励百姓从事告奸活动。① 至于有血统关系的父母与子女之间侵害财产、人身与主人对奴婢的侵犯行为则属"非公室告"。再根据第 2 例简文所引律条内容知,子女控告父母,奴婢控告主人,属于"非公室告",官方不予受理②,"如仍行控告,控告者有罪。控告者已经处罪,又有别人接替控告,也不应受理"③。汉代时,也可见相同的诉讼规定,《二年律令·告律》载:

子告父母,妇告威公,奴婢告主、主父母妻子,勿听而弃告者市。(第 27 页)

举凡子女告发父母,儿媳告发公婆,奴婢告发主人或者是主人的父母、妻及其子,官府除了不予受理控告案,告者行为当被视作"不孝",因此论处以弃市之刑。至于《二年律令·告律》载:

杀伤大父母、父母,及奴婢杀伤主、主父母妻子,自告者皆不得减。(第 26 页)

律文规定,凡子女杀伤祖父母、父母,以及奴婢杀伤主人或者是主人的父母、妻及子者,即便已先行到官府承认罪行,但也无法获得减轻其罪。④

秦、汉时期对家长权的凸显与落实,从上述规范父母子女间关系的律文便可看出。另透过对夫妻之间殴打伤害的规定,则具体呈现出其对夫权的维护,秦简《法律答问》言:

妻悍,夫殴治之,夬(决)其耳,若折支指、胅体,问夫可(何)论? 当耐。(第 185 页)

秦简整理小组的理解是:妻凶悍,其夫加以责打,撕裂了她的耳朵,或折断了她的四

---

① 栗劲:《秦律通论》,山东人民出版社,1985,第 315 页。
② 于振波认为:"'非公室告'主要是指家长擅自对子女和奴婢施以杀、刑、髡等刑罚的行为,这类侵害行为如果由家庭内部成员(包括奴婢)向官府告发,官府将不予受理,但不禁止家庭以外的人检举告发。"见《简牍与秦汉社会》,湖南大学出版社,2012,第 272 页。
③ 《睡虎地秦墓竹简》[译文],第 196 页。
④ 《二年律令·告律》言:"告不审及有罪先自告,各减其罪一等。"可知自告可减轻其罪一等。

肢、手指，或造成脱臼，则其夫应当处以耐刑。相类似的法律规范亦可在汉律里找到，《二年律令·贼律》载：

> 妻悍而夫殴笞之，非以兵刃也，虽伤之，毋罪。（第13页）

二则文献的相同前提——妻悍，张家山汉律的规定是：只要夫在施暴的过程里没有使用到"兵刃"等工具，纵使妻子的身体受到伤害，也不必担负任何刑事责任。相较于秦律的规定可说是宽容许多。至于《二年律令·贼律》载：

> 妻殴夫，耐为隶妾。（第13页）

律文规定，若是妻子殴打丈夫，则妻子要被处以"耐为隶妾"的刑罚，其中显示出汉初政权对夫权的高度维护。

（三）禁制"乱伦"

《礼记·礼运》言："饮食男女，人之大欲存焉。"男欢女爱，本是人性。《韩非子·内储说下》载：

> 燕人无惑，故浴狗矢。燕人、其妻有私通于士，其夫早自外而来，士适出，夫曰："何客也？"其妻曰："无客。"问左右，左右言无有，如出一口。其妻曰："公惑易也。"因浴之以狗矢。

这是一则燕人妻与士私通的故事，当时流传甚广而另有二说，然其情节内容极为类似，内文也都没明确指出破坏婚姻者各自所该承受的法律责任。夫妻某一方在婚姻状态持续下，同他人发生婚外情，自须接受法律制裁，秦简《法律答问》言：

> 女子甲去夫亡，男子乙亦阑亡，相夫妻，甲弗告请（情），居二岁，生子，乃告请（情），乙即弗弃，而得，论可（何）殹（也）？当黥城旦、舂。（第223页）

女子甲弃夫逃亡，并与逃犯男子乙结为夫妻。甲隐瞒已为人妻的事实，直到过了两年，有孩子后才告知乙，然乙并未休弃甲，后来都被捕获。对于这二人的惩处，竹简整理小组的理解是："男子乙黥为城旦，女子甲黥为舂。"[1] 针对这种违弃家庭伦常的不正当男女关系，汉初即已专立法条予以明确规范，《二年律令·杂律》载：

> 诸与人妻和奸，及其所与皆完为城旦、舂。其吏也，以强奸论之。

"和奸""强奸"是两个法律专有词语，竹简整理小组只解释"和奸"是"通奸"，"强奸"则

---

[1] 《睡虎地秦墓竹简》第223页，注释3。

未见解说。① 律文的意思是，凡是与人妻通奸，通奸的男女双方分别被处以完为城旦与完为舂之刑。若通奸男子身份为官府吏员，则适用"强奸"罪，需被去势并服役宫中。② "强奸"所以论罪较重，乃在于使用暴力或胁迫手段逼使另一方而得以遂行其淫欲。

先秦之时，家庭内部成员背弃人伦事例不乏多见，私通对象可见儿媳③、女弟④、叔父之妃⑤，至于秦、汉史载亦复不少⑥。亲属相奸乱伦，法所不容，秦简《法律答问》言：

> 同母异父相与奸，可（何）论？弃市。（第225页）

同母不同父的家庭成员通奸，论处弃市死刑。汉代也是相同的法律规定，《二年律令·杂律》载：

> 同产相与奸，若取（娶）以为妻，及所取（娶）皆弃市。其强与奸，除所强。（第34页）

律文规定：凡同父或同母所生的兄弟姊妹之间有通奸行为，或是有嫁娶事实发生者，男女双方一律处以弃市之刑。然若是属于"强奸"行为，则被暴力或胁迫的一方，一概不以弃市论罪。同样是通奸（指和奸）行为，家庭成员犯下此罪行须论处死刑，而一般平民则是完为城旦或完为舂。二相比较，具血缘关系者所需承担的罪责显然要重许多。

除兄弟姊妹外，其他旁系血亲之间的乱伦行为，汉初律法也有所规定，《二年律令·杂律》载：

> 复兄弟、孝（季）父柏（伯）父之妻、御婢，皆黥为城旦、舂。复男弟兄子、孝（季）父柏（伯）父子之妻、御婢，皆完为城旦。

凡与同辈兄弟、长辈伯父、叔父的妻妾及服侍婢女发生不正当性行为，黥为城旦，论罪也较一般百姓犯同样罪行为重。据上论述，即不难想见统治者对于家庭伦常的重视。

---

① 贾丽英则认为："和奸，是指在夫妇关系之外，男女双方自愿的性行为。所以和奸罪的成立应该是在有夫妇关系以后的事……强奸，用现代刑法学的概念即指违背妇女意志，使用暴力、胁迫或其他手段，强行与妇女发生性关系的行为。"见《秦汉家族犯罪研究》，人民出版社，2010，第103—111页。
② 《二年律令·杂律》载："强与人奸者，府（腐）以为宫隶臣。"整理小组释云："宫隶臣，曾受宫刑之隶臣。"可知犯强奸罪者，男子处去势之刑，并须于宫中服劳役。
③ 《左传·襄公三十年》："蔡景侯为大子般娶于楚。通焉。"
④ 《史记》卷三十二《齐太公世家》："四年，鲁桓公与夫人如齐。齐襄公故尝私通鲁夫人。鲁夫人者，襄公女弟也，自厘公时嫁为鲁桓公妇，及桓公来而襄公复通焉。"
⑤ 《左传·宣公三年》"文公报郑子之妃曰陈妫"，杜预注："郑子，文公叔父子仪也。"
⑥ 贾丽英统计出此类禽兽行案例总数为26。见贾丽英：《秦汉家族犯罪研究》，人民出版社，2010，第113—115页。

四、结　语

就传统中国社会而言，尊卑长幼可说是固有伦常的精神所在，且明显反映在家庭互动与国家管理上，《论语·学而》载：

有子曰："其为人也孝弟，而好犯上者，鲜矣；不好犯上，而好作乱者，未之有也。君子务本，本立而道生。孝弟也者，其为仁之本与！"

有人认为在家能孝顺父母、敬爱兄长，则不致犯上作乱，危害社会国家，明确传达出"孝弟"为国家政权稳定的基石，是以在追求国家安定的过程里，基石的稳固便显得更加重要了。孝是一种通过敬重、顺从所表现出来的尊亲行为，相对地，侮慢、违逆就属于"不孝"。在一个标举"入孝出弟"①的社会里，即便无法透过人的主体自觉而达成对孝道的追求，但也难容家庭发生"不孝"事情。针对此等违逆家庭伦常的行为，法律作出了相对应的规范，秦、汉律文明言，"不孝"得被惩处或判决死刑，正反映出统治政权对不孝者的深恶痛绝。

家庭伦常既已成为共同的价值认知，则其相关内涵必也是在社会长期发展过程里所孕育而生。秦汉时，在赋予父母管教权下，一旦子女被殴杀伤，甚至因此死亡者，不能以一般杀伤罪论究父母刑责。另法律实务活动里，司法更剥夺了家庭成员对父母的诉讼权利：上述针对家庭成员的法律规范无非在于保障特定权利的施行。至于直系或旁系血亲之间发生相奸或强奸的乱伦行为，重者论处弃市死刑，轻者亦被完为城旦、舂，相对于一般人犯下相同行为而须承担的罪责，显然重许多。由此可见统治者在维系人伦纲常上的用心，且此一精神内涵始终体现在古代法典著作里。

Some Standard on Family Ethics in the Unearthed Qin and Han Law Documents

Lin Wenqing

Abstract: Ethics are talking about interactions between people, because interact with each other, so we have the expectations of oneself and others, and thus produce a specific contents for people to follow, eventually becoming a value-conscious society as a whole. Generally, ethics is based on the moral values of self-awareness, but this does not apply to all. For most people, ethics are often more necessary to use the coercive means to en-

---

① 《论语·学而》："子曰：'弟子入则孝，出则弟，谨而信，泛爱众而亲仁，行有余力则以学文。'"

sure its implementation, the law can be the important tool. This article attempts to explain the way that the statutes regulate the family ethics, and discusses the normative type and significance.

Key words: Qin law; Han law; ethics; unfilial; incest

南阳市出土商周有铭铜器的初步整理

王蕴智　李丹凤

摘要：南阳市在商周时期占据重要的地理位置，商朝时是其王朝的南乡，西周时是维护王朝稳定的南方屏障，春秋战国时成为楚国的军事重镇。这里出土的有铭铜器有72件，它们为研究这一地区的历史提供了重要的实物资料。

关键词：南阳；铜器；铭文

作者简介：王蕴智（1955— ），男，河南许昌人。河南大学黄河文明与可持续发展研究中心教授，博士生导师。李丹凤（1990— ），女，河南驻马店人。河南大学黄河文明与可持续发展研究中心硕士研究生。

南阳市位于河南省的西南部，地处南阳盆地内，在南北交界带上。商朝时，南阳地区是其王朝的南乡，《诗经·商颂·殷武》记载："挞彼殷武，奋伐荆楚。罙入其阻，裒荆之旅，有截其所，汤孙之绪。维女荆楚，居国南乡。"①此时荆楚居住的南乡已经在商控制的势力范围内。西周时期，南阳地区是周王朝的南土之地，《诗经·大雅·崧高》记载："维申及甫，维周之翰，四国于蕃，四方于宣。亹亹申伯，王缵之事，于邑于谢，南国是式。"②申、甫两地作为周朝南方的屏障，维护王朝的稳定。南阳地区曾有申、吕、养、许、邓、鄀等方国，至春秋时期，这些方国俱灭于楚，南阳遂成为楚国的军事重镇。战国后期南阳成为秦、楚、韩三国争夺的战略要地。

根据已刊布的考古报告资料和有关非科学发掘的收藏信息，南阳市出土有铭铜器总计72件，包括商器14件，西周器6件，春秋器50件，战国器2件。较重要的发现有：1959年南阳市十里庙村发现商代墓葬，该墓葬出土的商代晚期有铭青铜器填补了南阳地区在商代考古方面的空白；1981年在南阳市郊砖瓦场发现周代墓葬；1975年起，在南阳卧龙区八一路附近不断发现彭氏家族器物，先后发掘了彭宇墓、彭无所墓、彭子寿墓、彭射墓、彭启墓等，出土了大量精美的铜器，不少带有珍贵的铭文。这些墓葬出土的铜器为研究南阳地区的历史及方国之间的关系提供了重要的实物资料。笔者对这些铜器进行归纳整理，以期为他人的深入研究提供便利。

---

① 周振甫译注《诗经译注》（修订本），中华书局，2015，第517页。
② 同上书，第439页。

一、商代有铭铜器

南阳市出土商代有铭铜器共 14 件。我们在《中原文化大典》中统计有 14 件,分别为爵 7 件,戈 3 件,觚、觯各 2 件。① 1959 年 2 月,河南省文物工作队在南阳市宛城区十里庙村东的土丘上发现商代遗址,出土材料尚在整理中。② 南阳市博物馆现藏有十里庙遗址出土的十几件商代青铜器和一些其他地方征集来的铜器。③

十里庙砖瓦场出土爵 7 件④,戈 3 件⑤。铭文内容有:父辛(图一:1)、鱼父丁(图一:2)、及(图一:3)、亚夫㚤(图一:4)、葡(籄)戉(图一:5)、𩰲(图一:6)。

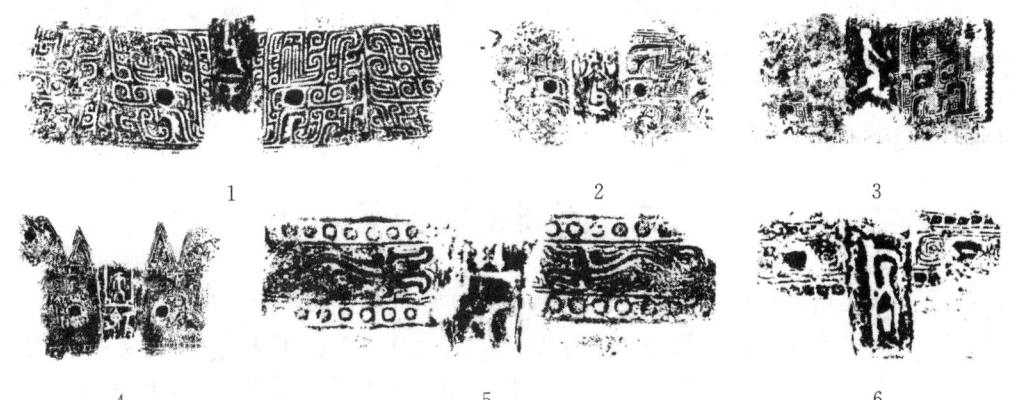

1. 父辛爵(《新收》309) 2. 鱼父爵(《新收》312) 3. 及爵(《新收》313)
4. 亚夫㚤爵(《新收》311) 5. 葡(籄)戉爵(《新收》308) 6. 𩰲爵(《新收》310)

图一

今见"亚夫"铭铜器 4 件:亚夫铙(《集成》385)、亚夫簋(《集成》3103)、亚夫盉(《集成》9394)、亚夫父辛鼎(《新收》783)。据王长丰统计"亚"及与"亚"缀联的族徽有 294 种⑥,亚夫便是其中之一。

南阳所见出土地不明的有铭铜器共 5 件:觯、觚各 2 件,戈 1 件。⑦ 铭文内容有:亚㝬(图二:1)、子父辛(图二:2)、㚔(图二:3)、子……且癸(图二:4)。

---

① 王蕴智主编《中原文化大典·文物典·古文字》(下),中州古籍出版社,2008,第 357 页。
② 游清汉:《河南南阳市十里庙发现商代遗址》,《考古》1959 年 7 期,第 370 页。
③ 艾延丁、崔庆明:《南阳市博物馆馆藏的商代青铜器》,《中原文物》1984 年 1 期,第 95—96 页,"图版九";尹俊敏:《南阳市博物馆收藏的商代铭文铜器》,《考古与文物》1996 年 6 期,第 74—78 页。
④ 1299 号爵有铭文 2 字,未发表图像与拓片。
⑤ 353 号戈内的末端两面皆有相同的族徽,未发表图像与拓片;1279 号戈内的末端有铭文,铭文锈蚀严重,无法辨认,未发表拓片。
⑥ 王长丰:《殷周金文族徽整理与研究》,博士学位论文,郑州大学,2006,第 68—69 页。
⑦ 351 号戈内的末端有族徽,未发表拓片。

1. 亚竃觯(《新收》1709) 2. 子父辛觯(《新收》1710) 3. 竃瓤(《新收》1707) 4. 且癸瓤(《新收》1708)

图二

见于著录的商代"竃"铭铜器共有 26 件①：南阳出土的 1 件亚竃觯，安阳郭家庄 M160 出土的 8 件带"竃"铭铜器，江西泉江出土的 1 件亚竃皇旟卣，陕西陇县出土的 1 件䤿亚竃父乙觯，剩余的 15 器出土地不可考。铭文中"竃"均与"亚"组合，"亚竃"还与"卿宁""□竹"同出现，推测"亚竃"可能是□竹国的一个族氏。

二、西周有铭铜器

南阳市出土西周有铭铜器共 5 件。1981 年 2 月于古宛城区市郊砖瓦场的周代墓葬中发现 3 件仲禹父器②。鼎铭为：[中(仲)]禹父乍(作)宝鼎，其万年，子子孙孙永用言(享)孝。（图三：1）簋铭为：中(仲)禹父大(太)宰南䮶(申)㠱(厥)䵼(辭)，乍(作)其皇且(祖)考遟(夷)王、监白(伯)𨾜(尊)殷(簋)，用言(享)用孝，用易(锡)𪉨(眉)(寿)、屯(纯)右(祐)、康勋，遌(万)年无彊(疆)，子子孙孙永宝用言(享)。（图三：2）

2 件簋形制、铭文内容均相同，字序稍有差异，另 1 件簋的器铭前 7 字顺序为"南䮶(申)白(伯)大(太)宰中(仲)禹父"（图三：3）。大宰，职官名，中禹父㠱䵼，大宰的名字，中禹父是字，㠱䵼是名。关于器物的年代尚有争议，李学勤先生认为是西周宣王时期的标准器③，刘雨先生认为是春秋早期器④。

---

① 亚竃鼎(《集成》1423)铭文中"竃"字下部隶为"夫"的部分与其他铭文中的写法出入较大，真伪待酌，暂且收入。
② 崔庆明：《南阳市北郊出土一批申国青铜器》，《中原文物》1984 年 4 期，第 13—16 页。
③ 李学勤：《论仲禹父簋与申国》，《中原文物》1984 年 4 期，第 31 页。
④ 刘雨：《南阳仲禹父簋不是宣王标准器》，载《古文字研究》第十八辑，中华书局，1992，第 397 页。

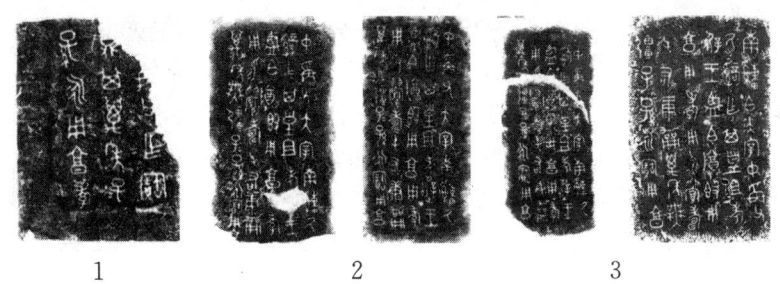

1. 中爯父鼎（《近出》326） 2. 中爯父簠（《集成》4188） 3. 中爯父簠（《集成》4189）

图三

南阳所见西周出土地不明的有铭铜器共2件，其中1件賈乍父辛簋，铭文为：賈（賖）乍（作）父辛。（图四：1）《三代》收有2件西周时的賈乍父辛器，铭文内容完全相同：賈（賖）乍（作）父辛宝障（尊）彝。（图四：2、3）1件南阳废品公司拣选的叔商鼎①，鼎内存铭文：弔（叔）商父[乍]（作）□母宝鼎，子子[孙孙]永保用卿（饗）。（图四：4）

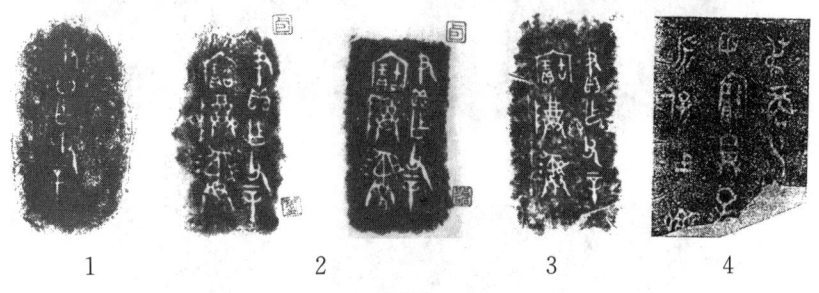

图四

1. 賈乍父辛簋（《三代》6.21.7） 2. 賈乍父辛卣（《三代》13.25.4—5）
3. 賈乍父辛尊（《三代》11.25.8） 4. 叔商父鼎（《新收》1711）

三、春秋战国金文

南阳市所见春秋战国有铭铜器50件，出土地明确者共46件，其中38件来自彭氏家族墓地，另外8件零星出土于南阳市其他地区，具体情况如下：

1974年2月于西关煤场发现彭宇墓②，出土有礼器、兵器、车马器、玉器、漆器等。青铜礼器7件，包括鼎3件，壶、簠各2件，其中4件有铭文，按铭文内容可分为两组。

（1）簠2件，形制、铭文均相同，铭文为：佳（唯）正十又一月辛巳，䣄（申）公彭宇，自乍（作）䥣（淄）㠯（簠），宇其𪾢（眉）（寿），万年无彊（疆），子子孙孙，永宝用之。（图五：1、2）

（2）壶2件，盖器铭文相同，均被锉过，完整铭文为：彭白（伯）自乍（作）醴壶，其子子孙孙，永宝用之。（图五：3、4）

春秋时期，楚国灭掉诸侯国后，往往置县设"公"来管理当地事务。"楚文王灭申、息以

---

① 尹俊敏、刘富亭：《南阳市博物馆藏两周铭文铜器介绍》，《中原文物》1992年2期，第87—88页。
② 王儒林、崔庆明：《南阳市西关出土一批春秋青铜器》，《中原文物》1982年第1期，第39—41页。
尹俊敏：《〈南阳市西出土一批春秋青铜器〉补记》，《华夏考古》1999年第3期，第43—45页。

为县"①,彭宇为申公,应生活在文王灭申后。何浩先生考证,文王灭申在公元前687至公元前684年间。②《左传》第一次出现"申公"在公元前664年,此后,《左传》中所见申公多由楚国贵族担任,彭宇非楚国贵族,其任申公的时间应在文王灭申之后、斗班任申公之前,也就是公元前687年至公元前664年。彭宇任申公,当值青壮年,以其时他30岁,其时人均寿命70岁计算,彭宇生活在公元前720年至公元前620年间。彭伯壶的制作年代早于簋,从纹饰、形制看,应在两周之际。从随葬三鼎两簋看,墓主彭宇是士级贵族,可能是彭伯的后人。

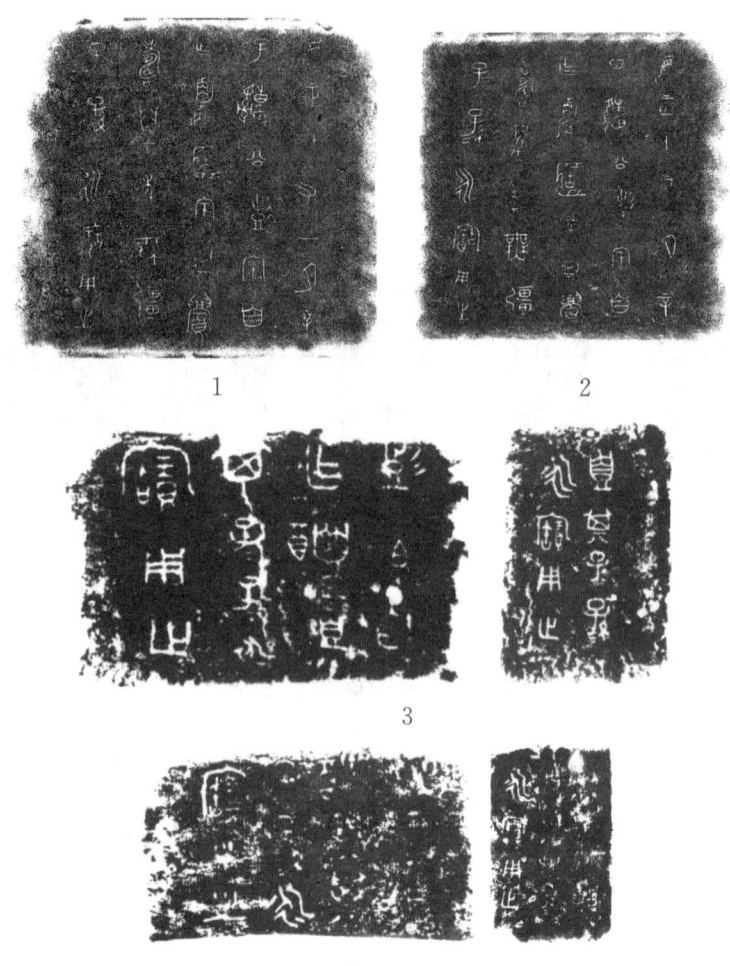

1. 申公彭宇簋(《集成》4610) 2. 申公彭宇簋(《集成》4611) 3. 彭伯壶(《新收》315) 4. 彭伯壶(《新收》316)

图五

2003年3月,在距离彭宇墓不过100米的八一路物资城工地1号墓发现彭无所墓③,

---

① 杨伯峻编著《春秋左传注·哀公十七年》(修订本),中华书局,2015,第1708页。
② 何浩:《楚灭国研究》,武汉出版社,1989,第207页。
③ 董全生、李长周:《南阳市物资城一号墓及其相关问题》,《中原文物》2004年2期,第46—48页。

主要出土有礼器、兵器和玉器。青铜礼器15件，鼎6件（5件鼐鼎、1件汤鼎），簠4件，缶2件，盘、匜、敦各1件，有铭文者6件。

（1）汤鼎1件，盖器铭文相同：彭公之孙无所自乍（作）汤鼎，釁（眉）（寿）无期，永保用之。（图六：1）

（2）鼐鼎5件，铭文为：申公之孙无所自乍（作）鼐鼎。

（3）簠4件，铭文相同：彭公之孙无所自乍（作）飤匠（簠），其釁（眉）（寿）万䄵（年）无期，䎽（永）保用之。（图六：2）

从铭文看，彭公与申公应是一人，且曾任楚国申县县尹。该墓随葬6鼎4簠，墓主无所当属大夫级贵族。

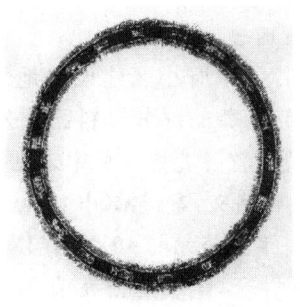 

1. 彭公之孙无所汤鼎　2. 彭公之孙无所簠

图六

无所墓南约50米处发现彭寿墓①，出土青铜礼器15件，包括鼎5件，簠4件，浴缶、错金钫各2件，盘、匜各1件，有铭文者6件。

（1）簠4件，2件彭子寿簠，铭文相同：彭子（寿）䍱（择）其吉金，自乍飤匠（簠），其釁（眉）（寿）无諆（期），永保用之。（图七：1）申公寿簠2件，盖器铭文相同：鼒（申）公（寿）䍱（择）其吉金，自乍飤匠（簠），其釁（眉）（寿）无諆（期），永保用之。（图七：2）

（2）盘铭：（寿）之朕（浣）盘。（图七：3）

（3）匜铭：（寿）之会与（匜）。（图七：4）

该墓随葬5鼎4簠，墓主彭寿应属大夫级贵族，曾任申县县公。《左传》记载："夏，楚人既克夷虎，乃谋北方。左司马眅、申公寿余、叶公诸梁致蔡于负函，致方城之外于缯关，曰：'吴将泝江入郢，将奔命焉。'"②根据这段史籍，李长周认为申公寿余与申公寿，名字中都有一个寿字，时代也相近，都是春秋晚期晚段，为两人的可能性不大，推测申公寿余就是墓主申公寿。③

---

① 李长周：《从南阳申公寿墓的铭文说起》，《中国文物报》2012年12月7日，第6版。
② 杨伯峻编著《春秋左传注·哀公四年》，第1626页。
③ 李长周：《从南阳申公寿墓的铭文说起》，《中国文物报》2012年12月7日，第6版。

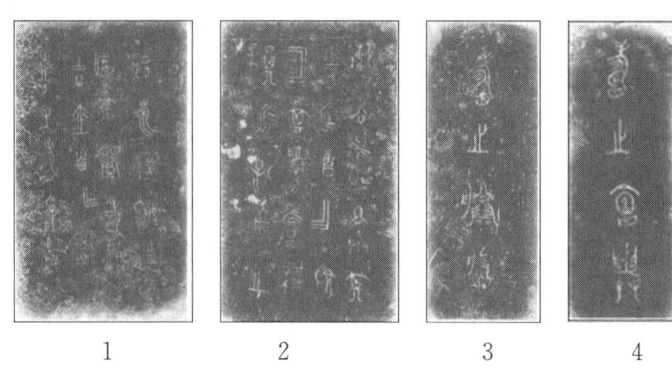

1. 彭子寿簠 2. 申公寿簠 3. 寿盘 4. 寿匜

图七

2008年6月,市文物考古研究所在名门华府小区建设工地发现一批墓葬。① 目前M1、M2、M38、M44 四座春秋晚期楚国贵族墓葬的部分资料已经公布。M44 位于彭子寿墓东约7米处,破坏严重,青铜器仅存鼎、簠、敦各2件。墓中未见兵器,墓主应为女性,与彭子寿可能为夫妻异穴合葬墓。2件簠上有铭文:蔡侯▨(申)之飤臣(簠)。(图八:1、2)

蔡侯申,蔡国国君蔡昭侯,公元前518年至公元前491年在位。这2件簠应是蔡侯往楚国嫁蔡女时所做的媵器。《史记·管蔡世家》记载有公元前509年蔡昭侯被扣于楚,3年后(公元前506年)归国,蔡、楚再次结怨。因此,蔡侯申簠被铸造并陪嫁到申县应在此之前,即公元前518年到公元前506年。②

彭启墓(M1)位于墓地东南部,出土铜礼器17件,包括鼎5件,簠4件,尊缶、浴缶各2件,豆、勺、盘、匜各1件;铜乐器30件;还有车马器、玉器、兵器及大量的骨贝。墓北部有陪葬马坑和车马坑各1座。2件兵戈上有铭文,铭文分别为:彭启之戈(未发表拓片)、玄镠之用。(图八:3)

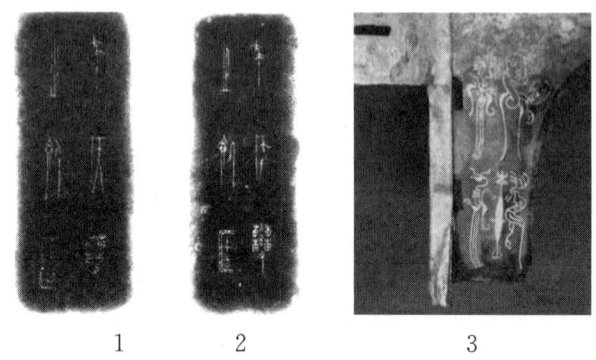

1. 蔡侯申簠(M44:3) 2. 蔡侯申簠(M44:4) 3. 玄镠戈

图八

---

① 乔保同、柴中庆、王风剑:《河南南阳楚墓发掘取得重大收获》,《中国文物报》2008年8月29日,第2版。乔保同、柴中庆、王风剑:《南阳市新发现春秋楚国贵族墓》,《中国文物报》2009年5月15日,第4版。

② 乔保同、李长周:《南阳发现蔡侯申簠》,《中原文物》2009年第2期,第84页。

《说文解字·玄部》:"黑而有赤色者为玄。"①《尔雅·释器》:"黄金谓之璗,其美者谓之镠。"②玄镠应是一种美称,指用较好材料制作的铜器。

彭射墓(M38)位于墓地东南部,出土有铭铜器数量较多,簠4件,繁鼎3件,盂鼎、尊缶、浴缶各2件,汤鼎、盘、匜、戈、戟各1件:

(1)彭子射兒鼎2件,铭文相同:鄦(申)公之孙彭子射兒,睪(择)其吉金,自乍(作)飤盂,覺(眉)(寿)无畀(期),永保用之。(图九:1)

(2)彭子射繁鼎3件,铭文相同:彭子射之行繁。(图九:2)

(3)彭子射汤鼎1件,铭文为:彭子射之湯鼎。(图九:3)

(4)彭子射兒簠4件,铭文相同:彭子射兒自乍(作)飤盨(簠),其覺(眉)(寿)无畀(期),永宝用之。(图九:4)

(5)彭子射盘铭:彭子射之行盤。(图九:5)

(6)彭子射匜铭:彭子射之行会曳(匜)(图九:6)

(7)彭射尊缶2件,铭文相同:彭射之䣁(尊)。(图九:7)

(8)御缶2件,铭文相同:彭子射之御缶。(图九:8)

(9)戈铭与戟铭相同:射之用。(图九:9、10)

"彭子射兒""彭子射""彭射""射"是墓主的不同称谓,墓中出土5鼎、4簠,墓主人应是大夫级贵族。

以上所述彭宇、彭无所、彭射、彭子寿、彭启,是彭氏家族的五代人。时代最早的是彭宇,最晚的是彭启,活动时间贯穿于整个春秋时期。

1　　　　　　2　　　　　　3

---

① 许慎:《说文解字》(附音序、笔画检字),徐铉校定,中华书局,2014,第78(下)页。
② 郭璞:《尔雅·释器第六》(卷中),四部丛刊影宋本。

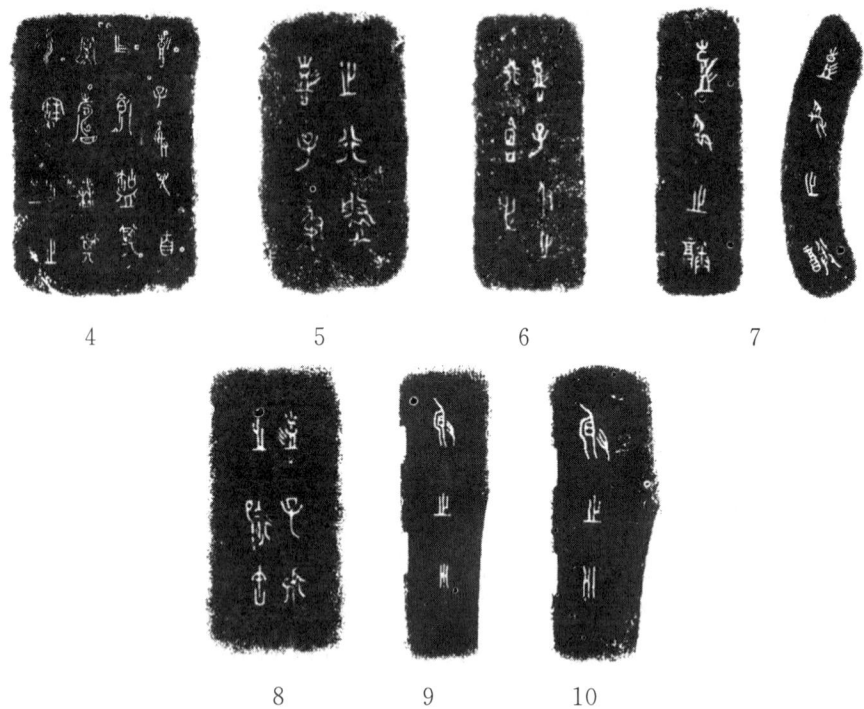

1. 彭子射兒鼎(M38:41) 2. 彭子射繁鼎(M38:43) 3. 彭子射汤鼎(M38:58) 4. 彭子射兒簠(M38:45) 5. 彭子射盉(M38:52) 6. 彭子射匜(M38:53) 7. 彭射之缶(M38:51) 8. 彭射御缶(M38:57) 9. 射戈(M38:73) 10. 射戟(M38:74)

图九

1970年春在西关汽车发动机厂出土1件楚子弃疾簠盖。① 1978年7月,在该厂生活区内征集到1件无盖的楚子弃疾簠器②,从铭文及器型看,盖器可合,且铭文相同:楚子弃疾,霂(擇)其吉金,自乍飤臣(簠)□。(图十:1)

弃疾,疑为楚平王,曾灭蔡、会诸侯于申,此簠出土于南阳可能是弃疾转赠给他人的。③ 公元前529年平王即位,铭文中称"楚子",应作于平王即位之前,属春秋晚期。

西关汽车发动机厂出土1件春秋晚期铜戈④,铭文为:卲鼎(繁)止宸戈。

南阳市八一路中原技校工地6号墓出土1件春秋晚期羕(养)子曰鼎⑤,盖器铭文相同,仅个别笔画有变化,铭文为:隹(唯)正月初吉丁亥,羕(养)子曰自乍(作)飤鼎(繁),其矍(眉)(寿)无期,子子孙孙永保用之。(图十:2)

养子,养国国君,桐柏县月河镇发现有养伯庸墓、养伯受墓,城郊乡钟鼓堂村也发现养器。这些铜器的出土证实了嬴姓养国的存在,且养国至迟在春秋早期已立国,春秋晚期依

---

① 尹俊敏、刘富亭:《南阳市博物馆藏两周铭文铜器介绍》,《中原文物》1992年2期,第88—99页。
② 徐俊英:《南阳征集一"楚子弃疾"铜簠》,载孙进己、孙海主编《中国考古集成华北卷·河南省·山东省·战国—秦汉1》,中州古籍出版社,1999,第747页。
③ 裴明相:《"弃疾簠"与"析鼎"释略》,《中原文物》1989年4期,第2页。
④ 尹俊敏、刘富亭:《南阳市博物馆藏两周铭文铜器介绍》,《中原文物》1992年2期,第89—90页。
⑤ 林丽霞、王凤剑:《南阳市近年出土的四件春秋有铭铜器》,《中原文物》2006年5期,第8—9页。

然存在,活动中心在月河一带。楚武王"克州、蓼,服随、唐,大启群蛮"①,文王"实县申、息,朝陈、蔡,封畛于汝"②,此时江汉流域、南阳盆地、淮河上游地区都已纳入楚国的势力范围,养国位于南阳盆地与淮河流域之间,当在这一时期成为楚国的附庸。养子曰鼎出现在南阳可能与战争有关。

南阳市八一路中原技校工地6号墓出土1件春秋晚期许子敦③,盖器铭文相同:鄦(许)子[佗]之盏盂。(图十:3)

许,国名,建都在河南许昌一带。佗,许子的私名。许国在历史上多次迁徙,"楚之灭蔡也,灵王迁许、胡、沈、道、房、申于荆焉。平王即位,既封陈、蔡,而复之,礼也"④。杨柏峻在注中云:"十三年平王复之,又归于叶。"⑤"冬,楚子使王子胜迁许于析,实白羽。"⑥春秋时期叶邑在今平顶山叶县城南偏西15公里处,析邑在今河南西峡县。许从叶迁至析,必经南阳,此器出现于此可能与许国的迁徙有关。

八一路汉丰商厦住宅工地32号墓出土1件春秋晚期楚屈喜戈。⑦ 铭文为:楚屖(屈)喜之用。(图十:4)

楚,国名,屈喜,器主人,应是楚国屈氏家族的成员。

2009年,市文物考古研究所在八一路与文化路交叉口东南角进行考古发掘时发现一批墓葬群⑧,出土1件错金铜戈,拓片未公布,铭文为:蔡侯班之用戈。

蔡侯班,蔡灵侯姬般。《左传》记载有楚子在申地诱杀灵侯,"楚子伏甲而飨蔡侯于申,醉而执之。夏四月丁巳,杀之"⑨,蔡侯班的出土可能与这一史实有关。

2004年,白河镇李八庙村砖瓦窑场M1出土1件番子鼎⑩,铭文为:隹正月初吉丁亥,番子𢾭(择)其吉金,自乍(作)飤鼎,𥥍(眉)寿无疆(疆),子子孙孙永保用之。(图十:5)

这篇铭文比较独特,同时使用阴文和阳文两种铸造法。由铭文内容可知,鼎的主人是番子,但他应不是墓主人。番子是番国国君的称谓,而M1是一座楚墓,墓主人不会是番子。春秋中期以后,番国完全沦为楚之附庸,经常跟随楚军作战。南阳是楚国的军事要镇,番国铜器出现于此,可能与战争有关。

2005年在万家园小区M202出土1件春秋早期辅白戈。⑪ 戈上有篆书铭文:辅白

---

① 杨伯峻编著《春秋左传注·哀公十七年》,第1708页。
② 杨伯峻编著《春秋左传注·哀公十七年》,第1708页。
③ 林丽霞、王凤剑:《南阳市近年出土的四件春秋有铭铜器》,《中原文物》2006年5期,第9页。
④ 杨伯峻编著《春秋左传注·昭公十三年》,第1360页。
⑤ 同上书,第1393页。
⑥ 同上书,第1400页。
⑦ 林丽霞、王凤剑:《南阳市近年出土的四件春秋有铭铜器》,《中原文物》2006年5期,第90页。
⑧ 李宾:《十大考古新发现南阳2项入围》,河南文化产业网,2010年3月9号,http://www.henanci.com/Pages/2010/03/09/20100309113056.shtml。
⑨ 杨伯峻编著《春秋左传注·昭公十一年》,第1323页。
⑩ 南阳市文物考古研究所:《河南南阳李八庙春秋墓清理简报》,《文物》2012年4期,第29—33页。
⑪ 南阳市文物考古研究所:《河南南阳市万家园M202发掘简报》,《中原文物》2007年5期,第8—13页。

(伯)乍(作)兵戈。(图十:6)

辅伯,辅国国君。辅国在西周时期与周王室关系密切,春秋初年遵平王号令前往南阳助守申、吕,辅伯戈可能是辅伯当时馈赠给申国贵族的。

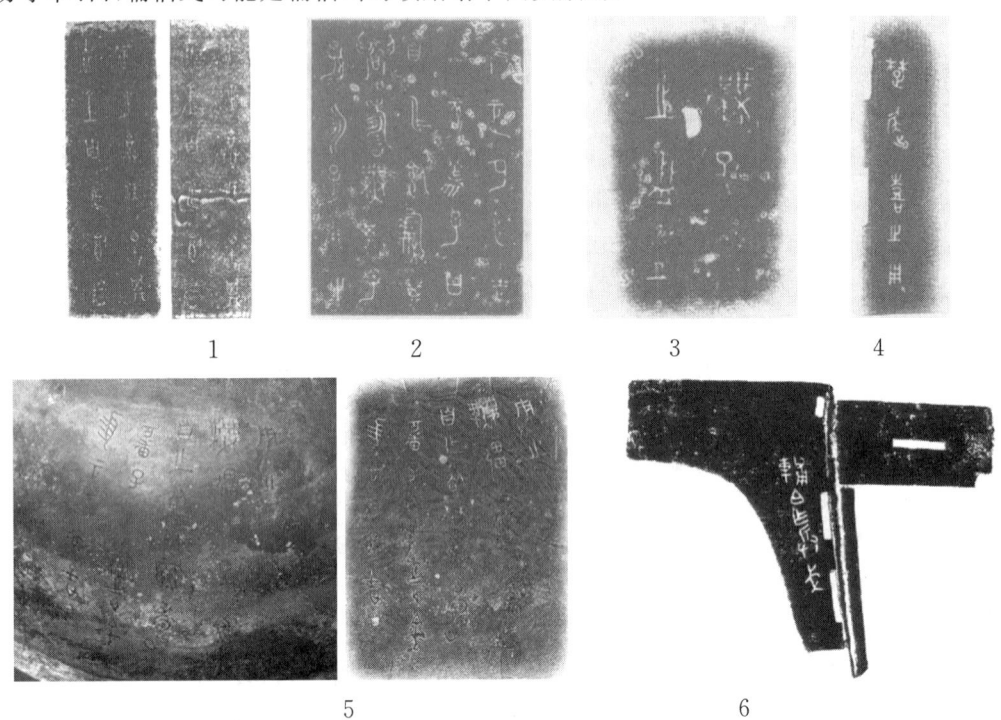

1.楚子弃疾簠(《新收》314) 2.养子曰鼎 3.许子敦 4.楚屈喜戈 5.番子鼎 6.辅伯戈

图十

南阳所见出土地不明的春秋战国有铭铜器共4件①:

(1)丁兒鼎盖,鼎内有铭文:隹(唯)正七月壬午,雁(应)厌(侯)之孙丁兒,釋(择)其吉金,玄镠鑪铝,自乍(作)飤鼒(鼒),釁(眉)寿无畺(期),永保用之。(图十一:1)

春秋晚期。雁,西周的姬姓封国,在今河南省平顶山市滍阳镇北滍村西南的滍阳岭一带。关于应国,文献记载不详,20世纪70年代以来,在该地发现大量西周早期至春秋早期的应国、邓国铜器,印证了应国的存在。2008年统计应国有铭铜器78件②,今又补充7件,共85件。

(2)宋右帀延敦,铭文为:(朕)宋右帀(师)延,隹(唯)嬴嬴显显(盟,明)易(扬)天恻(则),畯(骏)共(恭)天尚(常),乍(作)齋(粢)菜(饎)器,天元(其)乍(作)市(祓),于(朕)身永永有慶。(图十一:2)

春秋晚期。宋,宋国,右师,宋国官名,延,作器者,徐俊英认为延就是《左传》中的宋国皇缓,公元前477年至公元前469年任右师。③ 后一"永"字疑为误刻。

---

① 出土地不明确的春秋战国金文均为南阳地区废品公司拣选所得。
② 参见王蕴智、陈淑娟:《应国有铭青铜器的初步考察》,《中原文物》2008年4期,第60—72、86页。
③ 徐俊英:《南阳博物馆藏一件春秋铜敦》,《文物》1991年5期,第88页。

(3) 王右铜车軎,軎内端近沿处刻一周铭文:卅口年口口命(令)王右,右库㐭(工师)㒼,冶述。

口口,应为地名,口口令,官名,王右,地方长官的姓名。战国中晚期韩国兵器记载有右库、左库、武库和生库之四库。① 工师,主管工业的官署,负责监造。㒼,右库工师名字;冶,具体制造的工匠或小头目;述,冶者的名字。

(4) 王二年车軎,沿上有铭文一周:王二年成算命(令)卌章,㐭(工师)事口,冶口。

1. 应侯之孙丁兒鼎盖(《新收》1712)   2. 宋右师延敦(《新收》1713)

图十一

The Initially Study on Bronzes with the Inscriptions of Shang and Zhou Period Discovered in Nanyang

Wang Yunzhi   Li Danfeng

Abstract: Nanyang occupied an important geographic position during Shang and Zhou period. It was located in the south of Shang Dynasty. It was the barrier safeguarding State stability in the Western Zhou Dynasty, and became the military town of Chu State during the Spring and Autumn period. Now 72 bronzes with the inscriptions has been discovered in the city, which provide vital physical materials for scholars to study the history of Nanyang.

Key words: Nanyang; bronzes; inscriptions

---

① 尹俊敏、刘富亭:《南阳市博物馆藏两周铭文铜器介绍》,《中原文物》1992年2期,第90页。

干支数位与公元纪年的干支推算

涂白奎

摘要:公元纪年与干支之间的关系,使得相当多的中国古史学习者感到困惑。本文通过干支在干支表的数位关系,给读者介绍了一种最简便的互推方法。并在此基础上利用三个简单的算术式解决了公元纪年与干支的推算问题。

关键词:干支;数位;公元纪年

作者简介:涂白奎(1954—),男,河南信阳人,河南大学历史文化学院教授,主要从事古文字研究。

中国古史的纪年和记日往往使用干支,这就会在时空感觉方面给学习者带来一些困惑。当然,你手边若有一本相关的工具书,这也就不是什么问题。只是,如果我们能掌握一种最简便的推算方法的话,就不啻于随身携带着这本工具书,何乐而不为呢?

笔者之所以要写这样一篇文字,还缘起于2006年的北京之行。那年冬天,我出差北京,公事毕,遂往北京大学震旦中国古代文明研究中心拜望多年未见的李伯谦老师。临别时李师送我一部分该中心编辑的刊物《古代文明研究通讯》,以为学习之资。在阅读过程中,注意到2000年9月总第六期有杨哲峰先生的《公元与干支纪年相互推算的新方法》一文,遂仔细拜读了。读后的感觉是该文介绍的方法固然可用于公元与干支纪年的互算,但并不是最简法,而且还需借助于干支表才能得出结果,因此还应该有改进的空间。

笔者因忝列高校讲席,教授课程有《古文字学》科目,这就不免要与干支打交道。在多年的教学过程中,笔者也总结出一种干支数位与公元纪年干支推算的方法。与哲峰先生的方法比较,似亦有可取之处,因此不揣浅陋,写此小文,以就教于读者。

先列干支表如下：

1	2	3	4	5	6	7	8	9	10
甲子	乙丑	丙寅	丁卯	戊辰	己巳	庚午	辛未	壬申	癸酉
11	12	13	14	15	16	17	18	19	20
甲戌	乙亥	丙子	丁丑	戊寅	己卯	庚辰	辛巳	壬午	癸未
21	22	23	24	25	26	27	28	29	30
甲申	乙酉	丙戌	丁亥	戊子	己丑	庚寅	辛卯	壬辰	癸巳
31	32	33	34	35	36	37	38	39	40
甲午	乙未	丙申	丁酉	戊戌	己亥	庚子	辛丑	壬寅	癸卯
41	42	43	44	45	46	47	48	49	50
甲辰	乙巳	丙午	丁未	戊申	己酉	庚戌	辛亥	壬子	癸丑
51	52	53	54	55	56	57	58	59	60
甲寅	乙卯	丙辰	丁巳	戊午	己未	庚申	辛酉	壬戌	癸亥

在这个表中，从甲子到癸亥共有60个组合，各个组合分布在从1—60的相应数位上。如果我们仔细观察这个表，就会发现其中的规律。先看第1竖栏，天干皆为第1位"甲"，而所在数位相应为1、11、21、31、41、51；再看第2竖栏，天干皆为第2位"乙"，所在数位相应为2、12、22、32、42、52；类推至第10竖栏，天干皆为第10位"癸"，因此，所在数位为10、20、30、40、50、60。从各竖栏来看，各干支组合所在数位的个位数值是由天干所在的数位决定的，即凡是干支中的天干为第一位"甲"的，其位数的个位数一定是1；干支中的天干为第2位"乙"的，其位数的个位数一定是2；干支中的天干为第10位"癸"的，其数位的个位数一定是0。换句话说，从甲子到癸亥的60个干支中的每一个干支，其数位的个位数都与天干位相同。

那么，干支的数位与地支的关系是怎样的呢？答案很简单，当然与地支的数位相关。下面我们举两个例子，对其数位与干支的关系进行分析：

干支表中第45位的干支是什么？

根据干支数位的个位数决定于天干所在数位的原则，先确定天干。45的个位数为5，由甲、乙、丙顺序数至第5位为"戊"，可知其天干为"戊"；此后推算地支，地支从"子"到"亥"共12位。在和天干配合时，循环一周为12位，如此，数位45中含有3个地支周期，从数位中减去这3个周期后，所得余数即该地支的数位，用算术式表示：45－（12×3）。通过计算，余数为9，这个9就是地支的数位。由子、丑、寅顺序数至第9位为"申"，可知干支表中第45位为"戊申"。

总结此过程，即根据干支数位的个位数确定天干，若数位大于12，可从中减去n（表示1—4的不定数）个12，即12、24、36、48中的一个数值，所得余数即地支数位。

庚寅在干支表中的数位是多少？

已知干支数位的个位数决定于天干的数位，由甲、乙、丙顺序数至第7位庚，可确定庚寅在干支表中数位的个位数为7；在干支表中，由于地支循环周期的变化，天干为庚的干支组合有6个数位，即7、17、27、37、47、57。我们已知寅在地支中的数位为3，以此为基数，加上若干次地支循环的数字，所得数值中个位数为7的数位即为庚寅的数位。在数位从1—60的干支表中，地支在本数位之后再循环的可能次数为1—4次。循环1次，数位

· 97 ·

上升12,如此,可用地支寅的数位3,依次累加n(表示1—4的不定数)个12,即加12,或24,或36,或48。以3+12=15,数位的个位数为5,不合,舍去;再以3+24=27,个位数为7,合,由此推算出庚寅在干支表中的数位为27。

总结此过程,可掌握推算某干支在干支表中数位的最简法,即根据天干的数位定需推算干支数位的个位数;再以地支的数位加上n个12,即12、24、36、48这四个数字中的一个,至其个位数相合即得。

熟练掌握干支与数位的互推方法之后,我们就可以来学习推算公元纪年干支的方法了。

公元纪年的干支推算,本来可以用2个算式解决,但是为了利用大家都比较熟悉的一个公元纪年和其所对应的干支,我们将使用3个算式来解决这个问题。

在这3个算式中,我们选择使用大家都比较熟悉的辛亥革命的1911年为参照数据。纳入算式的1911年共含2个数据,即1911、辛亥的干支数位48。将这2个数据纳入算术式中,求得需推算的某一公元纪年在干支表中的数位,再据上文所给出的干支数位与具体干支换算的方法即可得出答案。

下面我们列出这3个算式,并予以说明和进行实例推算。

①推算公元1年至1911年间某年在干支表中的数位:

48【+60】−(1911−x)÷60 的余数

说明:算术式中的48为辛亥在干支表中的数位,与1911对应;x为需要推算的某公元年数。(1911−x)为需要推算的某公元年数与1911年间的年数之差,年数差除以60的目的是从需要推算的某公元纪年至1911年的年数差中将循环若干次的60年一周期的总年数减去,以得出余数。然后用辛亥在干支表中的数位减去这个余数,即为该公元纪年在干支表中的数位,由此数位即可换算为干支。由于存在着余数大于48的可能,遇到这一情况时可用48+60。余数如果小于48,无须+60。因此,我们把+60作为备用数据而以【+60】表示。

下面,我们选择公元841年代入此算术式进行推算:

48【+60】−(1911−841)÷60 的余数

=48【+60】−1070÷60 的余数

=48【+60】−50

=108−50

=58

通过计算,知公元841年的干支数位为58。根据天干数位决定于干支数位的个位数的原则,确定其天干为第8位"辛",再从58中减去n个12中的最大数值48,余数为10,即地支的数位。由子、丑、寅顺序数至第10位为"酉",可知公元841年为"辛酉"年。

②推算公元前某年在干支表中的数位:

48【+60】−(1911−1+x)÷60 的余数

说明:算术式中的(1911−1+x),由于纪年中不存在公元0年,因此公元前某年与1911年之间的年数差需减去1。x为公元前年数。

下面,我们选择公元前841年代入此算术式进行推算:

48【＋60】－(1911－1＋841)÷60 的余数
=48【＋60】－2751÷60 的余数
=48【＋60】－51
=108－51
=57

通过计算,知公元前841年的干支数位为57。根据前述原则,确定其天干为第7位的"庚";然后从57中减去n个12中的最大数值48,余数为9,即地支的数位。由子、丑、寅顺序数至第9位为"申",可知公元前841年为"庚申"年。

③推算1911年后公元某年在干支表中的数位：

$(x-1911) \div 60$ 的余数 ＋ 48【－60】

说明：x 为需推算的公元某年,它的数值大于1911。1911年的干支在干支表中的数位为48,从理论上讲,这个需推算的公元某年干支的数位应大于48。因此,在计算出此某年的余数值后应该加上48,才是它在干支表中的数位。【－60】属备用数据,因为有的余数值加上48后会大于60,而在干支表中没有大于60的数位。遇到这种情况,即可启动该备用数据。

下面,我们选择公元2011年代入此算术式进行推算：

(2011－1911)÷60 的余数 ＋ 48【－60】
=100÷60 的余数 ＋ 48【－60】
=40＋48【－60】
=88【－60】
=28

通过计算,知公元2011年的干支数位为28。根据前述原则,确定其天干为第8位的"辛",然后从28中减去其包含的n个12中的最大数值24,余数为4,即地支的数位。由子、丑、寅顺序数至第4位为"卯",可知公元2011年为"辛卯"年。

干支数位与公元纪年的干支推算,方法大致如此。综述之,其要点在首先要熟练掌握干支与数位间的互算,其次是记忆公元纪年推算为干支的算术式。希望此方法能够为学习者提供一些便捷,也希望能够得到读者的批评。

The Digit of Heavenly Stems and Earthly Branches and the Calculation of Gregorian Calendar

Tu Baikui

Abstract: Many Chinese history scholars confused with the relationship between Gregorian calendar and Heavenly Stems and Earthly Branches. This research provide a simple and convenient mutual inference method by using the digit relation. We also post three arithmetic formula for the inference of Gregorian calendar and Heavenly Stems and Earthly Branches.

Key Words: Heavenly Stems and Earthly Branches; digit; Gregorian calendar

甲骨文同版异体现象再梳理*

赵 伟

摘要：异体繁多是甲骨文的一大特点。经初步整理，甲骨文同版异体现象有200余例，可大致分为两类：因构件而异者和因笔画而异者。它们很好地体现了文字发展演变中一些异体现象在横向上的联系，也更为直观地反映出汉字早期规范性较差的历史特征。

关键词：甲骨文；同版异体；梳理

作者简介：赵伟（1981— ），男，河南上蔡人，河南大学黄河文明与可持续发展研究中心、黄河文明省部共建协同创新中心讲师，博士后。

由于字形特点和书写方式的原因，甲骨文中的"异体"现象与后世有很大的不同，比如双钩与单笔的区别、笔画长短与波磔的不同等。这些现象在小篆和隶楷阶段的汉字中基本上是不存在的，所以有关古文字中的"异体"，历来有着不同的说法，比如异构字、异形字、异写字等。王宁在《汉字构形学讲座》①中辨之甚详，可以参看。在《甲骨文同版异体现象梳理》（以下简称《梳理》）中②，我们重点参考了裘锡圭先生对异体字的定义和刘志基先生判定古文字异体的三项原则③。本文沿用《梳理》中"同版异体"的说法，不再具体说明。至于龟甲刻辞中因左右对称而造成"外形"不同的字，仍不在本次统计之列④。

殷墟甲骨文中的同版异体可分为因构件而异、因笔画而异两大类。《梳理》整理出

---

* 本文属于国家社科基金重大委托项目子课题"甲骨文全文数据库开发及商代文字释读研究"（16@ZH017A2）和教育部人文社会科学重点研究基地重大项目"河南历年出土甲骨文、金文研究大系"（10JJDZONGHE016）的阶段性研究成果。

① 王宁：《汉字构形学讲座》，上海教育出版社，2002，第80页。
② 赵伟：《甲骨文同版异体现象梳理》，《兰台世界》2018年第3期，第125—128页。
③ 裘锡圭先生认为"异体字就是彼此音义相同而外形不同的字"，用法完全相同的字为狭义异体字，部用法相同的为部分异体字。说见氏著《文字学概要》，商务印书馆，2003，第205页。刘志基先生判定古文字异体三原则指：1.细化判断标准，包括字形构件的形态差异、羡符的有无、线条形态的明显变化以及构字成分的相对位置等；2.坚持以形为本；3.依从学界共识。说见氏著《古文字异体字新辑刍议》，载《中国文字研究》第2辑，大象出版社，2007，第62页。
④ 刘艳娟对此类现象有详细论述，可以参看。刘艳娟：《对贞卜辞同字异形现象整理与研究》，硕士学位论文，西南大学，2016。

124例①,今增补89例,凡213例。分述如下。

一、因构件而异者

1. 构件不同者20例(见表一),其中《梳理》已指出者13例(著录号带*号者,下同),新增7例。

表一

序号	字头	字形	著录号	组类	备注
1	卯		《契》381《合》1076 正＋14315 正＋《乙补》4875)*	宾二	前者从卩,后者从女。
2			《合》656 反《乙》7041)*	宾二	前者从卩,后者从女。
3	宆		《合》3010 正*	宾二	两辞对贞。该版前者两见,后者一见。两者又属构件多寡不同。
4			《合》4209*	宾一	"𤴕~",人名。下部手形笔画不同。
5	弆		《合》6648 正*	宾二	"~化正",人名。下部手形笔画不同。
6			《合》6649 正*	宾二	同上。
7	何		《合》31330*	何一	贞人名,后者从又持戈,省去人形。
8	血		《合》32330*	历二	两辞同卜。
9	獸		《合》33384*	无名	两辞对贞,构件单首部笔画不同。
10			《花》480*	花东子	"来~自羍"。
11	弗		《补》8982*	无名	"~雉王众",该版前一字形五见,后一字形一见。
12	河		《花》36*	花东子	拓片不清,选自摹本。
13	伊		《屯》1122*	历二	"~尹",人名。前者从人,后者从卩。
14	奓		《合》4855	宾二	前者从木,同版五见;后者从中,一见。均为人名。
15			《合》6477 正	宾一	"~京",地名。两辞对贞。所从山不同。
16	正		《合》6650 正	宾二	"~化正",人名。

---

① 《梳理》整理出同版异体125例,构件不同一类中《合》22246之例当删。另外,《梳理》因笔画而异者中,《合》32636(夕)著录号为《合》31636之误,《合》39495(癸)为《合》39195之误。

续表

序号	字头	字形	著录号	组类	备注
17	帝		《合》418 正	宾二	两辞对贞。
18	妥		《合》945 正	宾一	人名,前者从倒又,后者从爪。
19			《屯》2064	无名	战争动词,后者将一方形笔画省为一横笔。
20	爵		《合》6589 正	宾一	两辞对贞,后者将方形笔画省作一短横。

2. 构件多寡不同者 29 例（见表二）,其中《梳理》指出 18 例,今增 11 例。

表二

序号	字头	字形	著录号	组类	备注
1	畫		《合》822 正*	宾一	人名,两辞对贞,后者省去聿旁。
2	宔		《合》1248 正*	宾二	前者四见,后者一见。相关缀合见蔡哲茂《〈殷墟文字丙编〉新缀第七则》。
3			《合》3010 正*	宾二	前者两见,后者一见。
4			《合》40416*	宾二	两辞对贞。《补》4103 重见。
5	昔		《合》1772*	宾二	两辞对贞,后者省去日旁（也可能是漏刻）。
6	妌		《合》2727 反*	宾二	均用作妇名"帚～"。
7	渔		《合》2972*	宾三	均用作人名"子～"。
8	伐		《合》6834 正*	宾二	"余～不",两辞同卜。
9			《合》6947*	宾一	动词,前者两见,后者四见。
10	執		《怀》452*	宾二	动词,前者一见,后者两见。
11			《合》33044	历二	动词,两辞对贞。
12	寻		《合》27804*	无名	"～方",两辞对贞。
13	秋		《合》29715*	无名	"叀今～",后者添加火旁。
14	菁		《合》30980*	无名	"弜菁,叀辛　","遘,又彤日"。

续表

序号	字头	字形	著录号	组类	备 注
15	囚		《合》34989*	历一	后一字形追加卜旁，裘锡圭先生以为属于后刻的验辞（详《裘锡圭学术文集》326页）。
16	侵		《合》6057正*	宾二	后者省去又旁，又见于《合》6057反。
17	蚩		《屯》644*	历二	两辞对贞，后者省去横止旁。
18	射		《花》37*	花东子	前者三见；后者添加双手形，四见。
19	召		《村中南》66*	历二	方国名。
20	伐		《醉》33（《合集》32＋《乙补》1653＋6022）	宾二	前者四见，后者一见。林宏明先生以为后者在该版中不宜解作"征伐"，参《醉古集》78页。
21	𢼨		《乙》4810（《补》6925）	自历间	两辞同卜，后者添加 旁。
22	妙		《合》22246（《乙》8896）	非王无名	"帚～"。前者三见，后者一见。同版另有"帚多"，所指皆同。
23	𡥈		《合》22246（《乙》8896）	非王无名	人名。
24	覃		《丙》217（《合》1901）	宾二	两辞对贞。
25	舌		《合》27194	何二	"～祖乙"。
26	衛		《屯》756	历一	后者添加止旁。
27	征		《屯》4310	自	两辞对贞，后者添加彳。
28	宄		《合》3333	宾一	"乎～侯"，两辞对贞，后者添加止旁。
29	䶮		《合》6664正（《乙》5408＋5713＋5728）	宾二	象征牙齿的笔画数量不同。旧多释前者为齿，于后者仅摹其原形。

3. 构件的组合方式不同者20例（见表三），其中《梳理》指出11例，今增9例。

表三

序号	字头	字形	著录号	组类	备 注
1	弘		《合》667正*	宾二	人名，前者口在弓下，后者口在弓内。
2	齒		《合》6485正*	宾二	象征牙齿的笔画，前者上二下一，后者上一下二。

续表

序号	字头	字形	著录号	组类	备注
3	毓		《合》14857*	宾二	"多～"。
4	娥		《合》22246(《乙》8896)*	非王无名	前者上下结构,后者左右结构。
5	畫		《合》32064*	历二	
6			《合》766正	宾二	横止位置不同,前者斜笔向下,后者斜笔向上。
7			《乙》6420(《合》6037反)	宾二	
8	洹		《合》34165*	历二	两辞选贞。前者左右结构,后者上下结构。
9	高		《补》225*	宾二	"～匕庚"。
10	翌		《花》103*	花东子	后一字形横跨千里路。
11	昃		《乙》32*(《合》20957)	㠯小	前者左右结构,后者上下结构。
12	得		《甲》806*(《合》32509)	历二	手形符号方向不同。前者一见,后者三见。
13	从		《花》290*	花东子	两者同辞。前者左右结构,后者上下结构。
14			《合》5439	宾二	两辞对贞。"羍～化",人名,字形朝向不同。
15	甈		《合》795正	宾二	两辞对贞。前者匕在廌背,后者匕在廌腹。
16	豺		《丙》349(《合》974正)	宾二	祭祀动词。前者上下结构,后者左右结构。
17	叵		《合》21174	㠯小	"帝～",口旁朝向不同。
18	柵		《补》10655	历二	两辞同卜。前者左右结构,后者上下结构。
19	蚊		《花》276	花东子	两辞同卜。前者虫在下,后者虫在上。
20			《花》401	花东子	前者虫在下,后者虫在上。

二、因笔画而异者

1. 笔画多寡不同者95例(见表四),其中《梳理》指出61例,今增34例。

表四

序号	字头	字形	著录号	组类	备 注
1	且		《合》95*	宾二	"～辛",两辞对贞。
2	牵		《合》136 正*	宾二	后者于字形中部添加横笔。两种字形各两见。
3	兕		《合》190*	宾一	前者三见;后者一见,首部增一斜笔。
4	百		《合》297*	宾三	前者与白混同,后者字形中部有"入"形笔画。
5	白		《合》32330*	历二	两辞同卜。《上博》2426.33重出。
6	亥		《合》892 正*	宾二	地支名,前者两见,后者一见。
7	矢		《合》1825*	宾二	"王～",神名。前者首部双钩。
8	母		《合》2530 正*	宾二	"～丙",后者添加两点笔。两种字形各两见。
9	母		《合》23426*	出二	"母辛"合文,后者添加两点笔。
10	妥		《合》21793*	子	"帚～",后者女旁添加一横笔。
11	目		《合》6195*	宾二	两辞同卜。后者于瞳孔处添加点笔。
12	疒		《合》6485 正*	宾二	"～齿"。后者无点笔。
13	阜		《合》7860*	宾二	"～山",人名。两辞同卜。
14	岳		《合》12842*	宾一	"勿舞～"。两辞同卜。
15	邕		《合》22925*	出二	"烝～"。两辞同卜。后者添加点笔。
16	正		《合》24933*	出一	"雨不～",后者于方形笔画内添加短横。《补》7250重见。
17	雨		《合》27804*	无名	两辞对贞,后者省去横笔(或为缺刻)。

续表

序号	字头	字形	著录号	组类	备 注
18	日		《合》30155*	无名	两者同辞，前者字形中有一弯笔。
19			《旅》696*	宾二	两辞对贞，前者字形中有一短横。
20			《屯》2232	无名	前者字形中添加点笔。
21	夕		《合》31636*	何一	前者一见；后者添加点笔，两见。
22			《合》34720	历一	"今～亡戠"，后者添加点笔。
23	宗		《合》30298*	无名	后者所从示多一短横。
24	更		《合》32023*	历二	
25			《合》32834*	历草	字形中部笔画有别。
26			《补》10463甲*	历二	
27	羽（翌）		《合》454	宾二	两辞对贞。
28	令		《合》32048*	历草	后者倒口形省去一横笔。
29			《补》1244正乙*	宾二	
30	羌		《合》32120*	历一	象征绳索的笔画有别。
31			《补》10421*	历二	
32	田		《合》33209*	历二	字形中部横笔、竖笔有别。
33			《合》33211*	历二	
34	豭		《合》32330*	历二	躯干部分前者双钩，后者单笔。
35			《屯》2707*	历二	
36	虎		《合》33378*	无名	躯干部分或双钩，或单笔。

续表

序号	字头	字形	著录号	组类	备 注
37	尞		《合》34210*	历二	前者多一横笔。
38			《花》286*	花东子	前者六见,后者一见。
39	岁		《合》33692*	历二	祭祀动词。前者多两点笔。
40	帝		《合》34145*	历二	祭祀动词。后者省去横笔。
41			《补》10447*	历二	祭祀动词。前者一见;后者两见,添加点笔。
42			《合》30391	无名	"～五臣"。后者多一横笔。
43	羊		《合》35818*	黄	后者所从羊多出两斜笔。
44	召		《合》36664*	黄	地名,两辞同卜。
45	束		《补》1573*	宾二	两辞选贞,后者添加点笔。
46	商		《补》6615*	历一	人名。后者字形上部多一横笔。
47	辰		《补》6954 正*	劣体	习刻,地支名。
48	豕		《补》8592*	历一	后者躯干部分双钩。
49			《乙》4810(《补》6925)*	午	
50	雉		《补》8982*	无名	"～王众"。前者六见,后者三见。
51	西		《花》4*	花东子	字形中部横笔有别。
52	逐		《花》108*	花东子	后者所从豕双钩。
53	兕		《花》191*	花东子	三辞同卜。拓片不清,选自摹本。
54	鱼		《花》236*	花东子	前者两侧各两鳍,后者各一鳍。
55	告		《合》6057 正*	宾二	后者所从牛无横笔。
56			《花》286*	花东子	

续表

序号	字头	字形	著录号	组类	备 注
57	子		《花》314*	花东子	地支名,后者省去字形下端横笔。
58			《花》416*	花东子	
59	其		《拼》17(《屯》1050＋2865＋1719)	历二	后者增一横笔。
60	烝		《屯》766*	无名	所从示有别。
61	用		《屯》2707*	历二	字形中部横笔有别。
62			《明后》B2524*	历二	
63	西		《北大》15 反*	宾二	"凡多～"。所从西横笔有别。
64	䜌		《上博》2426.17*	历二	地名。
65	伐		《乙》4810(《补》6925)*	午	后者所从戈省去上方一斜笔。
66	弓		《花》37*	花东子	名词。前者有象征弦的笔画,一见;后者四见。
67	黄		《契》381(《合》1076 正＋14315 正＋《乙补》4875)	宾二	"卯～小牛"。后者多一横笔。
68	鱻		《合》18353	宾一	两辞对贞。所从鱼躯干笔画有别。
69	方		《合》27804		两辞对贞。后者中竖顶端无横笔。
70	贞		《合》34718	历一	后者鼎足处增两横笔。
71	明(朝)		《乙》6420(《合》6037 反)	宾二	所从月有别。
72	奉		《合》137 正	宾二	前者辞曰"～[㠯]五人",后者辞曰"～㠯自"。
73	衛		《合》6664 正	宾二	后者多一短横。
74	龜		《辑佚》附二(626＋627)	历二	躯干部位笔画不同。前者一见,后者两见。
75	葬		《屯》4514(《合》20578)	𠂤历间	后者两构件发生借笔。
76			《乙》727(《合》3947 正)	宾二	人名。后者所从凡省去横笔。

续表

序号	字头	字形	著录号	组类	备 注
77	椕		《合》24359	出二	地名。所从人形或突出手部。
78	方		《丙》349(《合》974正)	宾二	
79			《合》1918	宾三	贞人名,后者少一短横。
80			《丙》217(《合》1901)	宾二	
81			《合》4122	宾一	贞人名,后者多一短横。
82	宋		《合》3458(《丙》104)	宾二	地名。
83	啬		《合》20648	㠯小	前者字形下方多一横笔。
84			《屯》4310	㠯小	后者字形中间多一横笔。
85	工		《合》4247	宾二	中竖笔画不同。
86	东		《合》33241	历一	方位名词。字形中间笔画不同,前者一短横,后者作十字形。
87	䋣		《花》294	花东子	两辞对贞。所从糸笔画有别。
88			《合》24248	出二	地名,上部笔画有别。
89	辰		《合》19941(《乙》405)	㠯小	地支名,后者多一横笔。
90			《合》33698	历二	地支名,后者字形中间短一竖笔。
91	囧		《乙》7781(《合》10133正)	宾二	字形中间笔画不同。
92	黍		《乙》7781(《合》10133正)	宾二	"~年"。前者为常见字形,中间为省体,后者于两侧繁增点笔。
93	保		《乙》7781(《合》10133正)	宾二	前者子旁与人旁笔画相粘连,无辅助笔画;后者有圈形的辅助笔画。后者又见于该版的反面(《乙》7782)。
94	不		《醉》308(《合》891正+《补》4188)	宾一	前者为否定副词,后者为人名。
95	亡		《村中南》359	历一	前者三见,后者一见。

2. 笔画长短与波磔不同者49例(见表五),其中《梳理》指出21例,今增28例。

序号	字头	字形	著录号	组类	备注
1	比		《醉》33(《合集》32+《乙补》1653+6022)*	宾二	两者各四见。
2	孔		《合》734 正*	宾二	人名,两辞对贞。象征手臂的笔画有别。
3	山		《合》7860*	宾二	"阜～",人名。两辞同卜。
4	告		《合》22747*	出二	上部笔画不同。前者云"～自丁陟",后者云"～自唐降"。
5			《合》22246(《乙》8896)	非王无名	两辞对贞。后者将两斜笔改作一横笔。
6	敖		《合》37434*	黄	地名。字形上部笔画不同。
7	上甲		《合》32113*	历二	神名。后者与田混同。
8	在		《合》32509*	历二	中竖两侧斜笔不同。
9	卜		《合》33569*	无名	前者两见,后者一见。
10	酉		《合》34149*	历一	地支名。后者两横笔与两竖笔交叉。
11	庚		《合》34189	历一	天干名。两辞对贞。
12			《合》33698	历二	天干名。前者字形中间作一横笔,一见;后者作两斜笔,两见。
13			《合》34153	历一	天干名。前者四见,后者一见。
14	且		《合》32535	历一	"且乙"。前者两见,后者一见。
15	宜		《合》34165*	历二	所从且字形有别。
16			《补》10642*	历二	
17	癸		《合》35589*	黄	天干名。
18			《合》39195*	黄	天干名。
19	寮		《合》33273*	历二	前者一见,后者六见。
20	羌		《补》8758*	无名	所从糸笔画有别。

续表

序号	字头	字形	著录号	组类	备注
21	子		《花》113*	花东子	象征手臂的笔画有别。皆为人名用字。
22	弗		《花》113*	花东子	第三种字形将S形笔画省作三横笔。
23	申		《花》173*	花东子	地支名。前者S形笔画作曲笔,后者折笔。
24	其		《花》501*	花东子	两辞同卜。
25	贞		《乙》4810*(《补》6925)	圆体类	鼎腹笔画有别。前者五见,后者一见。
26	贞		《合》22135(《乙》8722)	非王无名	鼎腹笔画有别。
27			《合》34720	历一	前者长方耳,后者尖耳。
28	画		《英》130*	宾二	"子画"。下部笔画有别。前者两见,后者一见。
29	彫		《合》32234	历二	所从酉笔画有别。
30	兴		《合》32700	历二	人名。上部笔画有别。
31	秦		《补》10463 甲	历二	中竖长短不同。前者六见,后者一见。
32	在		《甲》2908(《合》19946 反)	宾	笔画波磔不同。前者辞云"～六月",后者辞云"异"。
33	帝		《辑佚》附二(626+627)	历二	两辞对贞。中竖长短不同。
34	岳		《合》34218	历二	神名。所从山笔画有别。
35			《合》8070	宾一	地名。前者字形底端为曲笔,后者直笔。
36	戋		《丙》302(《合》6571 正)	宾一	战争动词。前者中状笔画为曲笔,后者直笔。两种字形各两见。
37	不		《补》38	宾二	下部笔画不同,前者呈斜直状,后者弯曲下垂。
38	叔		《屯》332	历一	人名。两辞对贞。上部两斜笔有别。
39	令		《合》13490	宾一	人名,两辞对贞。前者向下的两斜笔出头。
40	舌		《丙》542(《合》1532 正)	宾三	两辞对贞。中竖笔画不同。

续表

序号	字头	字形	著录号	组类	备　注
41	卣		《屯》2691	历一	人名。中间横笔长短不同。
42	比		《合》6477 正	宾一	动词比。两辞选贞。前者与从混同。
43	子		《合》905	宾二	皆用于人名。首部笔画不同。
44	子		《村中南》359	历一	"癸～"。首部笔画不同。
45	子（巳）		《拼》17（《屯》1050＋2865＋1719）	历二	"己～"、"辛～"。首部笔画不同。
46	贞		《村中南》359	历一	鼎腹或鼎耳笔画有别。
47	旬		《村中南》359	历一	后者曲笔向上出头。
48	占		《乙》7782（《合》10133 反）	宾二	前者弯底，后者平底。上部笔画亦有不同。
49	兄		《花》236	花东子	"兄丁"。前者四见；后者所从人与尸混同，一见。

三、小　　结

在构件多寡不同的一类中，有一部分异体字看起来属于不同的字，如刀—召、幸—执、菁—遘、屰—逆、鱼—渔、井—妌、多—姼等。它们在殷墟甲骨文中的用法是不能画等号的，如用作本义的刀（《合》21623）不用写作召，用作方国名的井（《合》33044）不能写作妌等。然而这些同版的字所属的卜辞或占卜内容相关，或属于对贞，它们表示的无疑是同一个词。至于用作人名的屰、逆、鱼、渔、井、妌、多、姼等，更是如此。比如《合》33044 辞曰："己巳贞：□执井方？"又"弗幸"两辞显为对贞，执与幸同。《合》30980 辞曰："遘又彤日？"又"弜菁，叀辛酉？"两辞显系为同事而卜，遘与菁同。小屯村中村南甲骨的整理者在《村中南》66 的考释中指出："刀方，即召方。"①这是很正确的。这说明在商代的文字系统中，上述各组字至少在特定的义项上可以通用，它们应该属于部分异体字。

一般认为，卜辞中的月和夕在特定组类中分工明确，从不混用。《合》31636、34720 的例子告诉我们，这种情况是有例外的。

正确认识同版异体现象，有助于减少我们在文字释读上的一些失误。如《合》22246

---

① 中国社会科学院考古研究所：《殷墟小屯村中村南甲骨》，云南人民出版社，2012，第 643 页。

版将两斜笔写作近于横笔的告字,《殷墟甲骨刻辞摹释总集》第 492 页和《甲骨文校释总集》第 2545 页均误释为曰。《合》6664 正版从齿从又的字,或画出三颗牙齿形,或画出一颗牙齿形,《殷墟甲骨刻辞摹释总集》第 167 页和《甲骨文校释总集》第 831 页均将前者释为齿,于后者则摹而不释。该字在辞例中用作名词,盖表灾咎义。它和"……梦,隹屮(有)齿"(《合》17457)、"屮(有)降齿"(《合》17297)、"王占曰:吉,亡来齿"(《合》17301 反)、"王占曰:不吉,其以齿"(《合》5658 正)等辞例中的"齿"表示的应该是同一个词。

《梳理》认为,同版异体现象更为直观地反映了早期汉字规范性较差的历史特征。从其主要集中在宾组、历组和花东子卜辞中来看,殷人在祖庚、祖甲之后,文字的规范性有了明显的增强。今次增补的 89 例同版异体现象依然能说明这些问题。

Rearrangement of Variant Forms in the Same Oracle Bones

Zhao Wei

Abstract:Oracle characters are variant and complicated. After the preliminary arrangement, we find that there are more than 200 variant characters in the same oracle bones. They can be classified into two kinds according to the difference of basic components or strokes. These variants well embody the synchronous relations of the different variant characters in the development history of Chinese characters, and clearly reflect the historical characteristics of the early Chinese characters which have poor criterion.

Key words:oracle characters; variant characters in the same oracle bones; arrangement

单叔奂父盨"穛"字补说*

张新俊

摘要: 单叔奂父盨铭文中有一个释作"穛"的字"饎",从文义来看,与"稻""糯""粱"等谷物并举。"穛"应该就是《说文解字》中训作"早取谷也"的"穛"的本字。"饎"字的构形如何解释,学者们的认识并不一致。从清晰的图版可知,它是一个从食、米、隹的字。结合金文、战国秦汉等古文字资料来看,"雒"可以作为一个独立的文字出现,它与"爵""雀"读音相近,应该就是"穛"字的初文。在单叔奂父盨铭文"饎"中,"雒"形可以起到声符的作用。

关键词: 单叔奂父盨;雒;表音

作者简介: 张新俊(1974—),男,河南南阳人,河南大学文学院副教授。主要研究方向:古文字学、古代汉语。

单叔奂父盨于1990年出土于河南省三门峡市上村岭虢国墓地M2006号大墓,是单叔奂父为出嫁的女儿孟姞所做的媵器。① 盨有两件,大小、纹饰、形制相同。目前已经发表的单叔奂父盨铭,只是两件之一,即编号为M2006:55的盨的盖铭和器铭。盨器、盖铭文内容相同,都是4行33字,但是行款有异②,个别文字的写法也有不同程度的出入,如"旅""穛""粱"等字。另外还有一件编号为M2006:61的单叔奂父盨,则从来没有公布过。第二件盨只有器铭,没有盖铭。③ 我们建议把编号为M2006:55的盨命名为单叔奂父盨甲(图一),把编号为M2006:61的盨命名为单叔奂父盨乙(见图二)。

我们在《释单叔奂父盨铭文中的"醓"字》中,曾经讨论了盨铭中的争议比较大的"醓"字。④ 除此之外,盨铭中还有一个读作"穛"的字,学术界目前也存在不同的看法。为方便

---

* 本文为国家社科基金项目"基于组类差异的甲骨文字词关系研究"(17BYY129)成果。

① 河南省文物研究所、三门峡文物工作队:《上村岭虢国墓地M2006的清理》,《文物》1995年第1期。

② M2006:55号盨器铭,第1、2、3三行均为8字,第4行为9字(含重文2)。盖铭第1、3行均为8字,第2行7字,第4行10字(含重文2)。M2006:61号盨器铭,行款和文字均与M2006:55号盨器铭相同。

③ 至于M2006:61号盨盖部没有铭文的原因,有学者推测此盖乃后配的。也有学者认为,此盖铜质不佳,无法铸上铭文。我们认为,前一种意见可能性更大一些。具体原因,有待进一步研究。

④ 张新俊:《释单叔奂父盨铭文中的"醓"字》,载《三代考古》第八辑,科学出版社,2019,第308-315页。

起见,我们先把单叔奂父盨乙铭文按照原行款写在下面,然后再加以探讨。

单叔奂父盨甲盖铭　单叔奂父盨甲器铭　　　　单叔奂父盨乙器铭
　　　　　图一　　　　　　　　　　　　　　　　图二

單(单)叔奂父乍孟姞旅

须(盨),用醢(蓄)稻饙(穛)需(糯)粉(粱),加(嘉)

宾用卿(飨),有飤①,则迈(万)人(年)

无疆,子子孙孙永宝用。

盨铭中的"穛"字,在两件盨铭中的写法并不完全相同,学术界以往讨论的,都是甲器上的文字。现在我们知道,"穛"字在盨铭中出现过三次,为称引方便,分别用 A1、A2、A3 替代,见图三:

　A1 甲盖铭　　A2 甲器铭　　A3 乙器铭
图三

A 字在铭文中读作"穛"("糕"),这是目前学术界的共识。刘雨、严志斌先生所编著的《近出殷周金文集录二编》就把此字径释作"穛"。② 近几年来出版的好几种金文方面的工具书,也都把 A 收录在"穛"("糕")字头下。③ "糕"是"穛"字的异体,在文献中或写作"䅳"。《玉篇·禾部》:"䅳,早熟稻也。亦作穛。"《说文》:"糕,早取谷也。"段玉裁《说文解

---

① 铭文中的"有飤"二字,或属上读,或属下读。宋华强先生认为这两个字也有可能独立成句,读作"侑食"今暂从此说。
② 刘雨、严志斌编《近出殷周金文集录二编》,中华书局,2010 年,第 134 页。
③ 董莲池:《新金文编》,作家出版社,2011,第 976 页。陈斯鹏、石小力、苏清芳编《新见金文字编》,福建人民出版社,2012,第 225 页。江学旺:《西周金文字形表》,上海古籍出版社,2018,第 302 页。

字注》说：

> 《内则》"稰穛"注云："孰获曰稰，生获曰穛。"《正义》曰："穛是敛缩之名，明以生获，故其物缩敛也。"按：穛即糕字，亦作穱，古爵与焦同音通用也。《大招》《七发》皆云"穱麦"，王逸云："择麦中先孰者也。"《大招》以为饭，《七发》以饮马。《吴都赋》云："穱秀苽穗。"《广韵》云："穱者，稻处种麦。"皆与早取之义合。凡早取谷，皆得名穱，不独麦也。①

目前在学界争议最大的，是关于此字的隶定和构形分析。刘社刚先生最早把 A 字隶定作"䊆"，后为程燕先生、江学旺先生所从②。李清丽先生则隶定作"䉼"③，后为钟柏生等先生编《新收殷周青铜器铭文暨器影汇编》、吴振烽先生编著《商周青铜器铭文暨图像集成》所从④。也有学者把 A 字隶定作"䭆"，如谢明文先生⑤。

以下诸家的隶定，歧义主要是在对文字构形的理解上。程燕先生分析 A 字为从食、焦声，小亦声，"小"是在"焦"上叠加的声符。⑥ 陈斯鹏等先生编著的《新出金文字编》则分析说：

> 《说文》"糕"字从"米""焦"声，弭仲簠作""是也。伯公父簠作""，"焦"旁省"火"。曋叔夨父簠"糕"字可理解为此种省体增益"食"旁而成。然"米"旁作""（参同铭"稻"字"米"旁之作""），则与"小""少"雷同。故程燕（2004）以为字从"小"声亦不无道理。疑""兼作意符"米"和声符"小"（或"少"）用。⑦

周忠兵先生认为 A 字右边的偏旁，不是从米从隹，而是从米从焦，"米"采用了借笔方法，用来兼表"米""小"两字，"小"是用来表音的。⑧

但也有学者认为 A 字右下的偏旁不是"小"。如袁金平先生认为 A 字与"糕"字为一字之异体，分析作从米从隹，"食"为赘加的形符，可以看作是"糕"字的繁构；"隹"下所从部分乃"米"形，而非"小"。⑨ 谢明文先生认为：

> 单伯夨父簠"糕"字严格隶定应隶作"䭆"，右半上部分是"隹"，下部分是"米"粒形，而不

---

① 段玉裁：《说文解字注》，凤凰出版社，2015，第 577 页。
② 程燕：《曋叔簠新释》，载《古文字研究》第 25 辑，中华书局，2004，第 199—201 页。江学旺：《西周金文字形表》，上海古籍出版社，2018，第 302 页。
③ 李清丽：《虢国博物馆收藏的一件铜簠》，《文物》2004 年第 4 期，第 90 页。
④ 钟柏生、陈昭容、黄崇铭、袁国华编《新收殷周青铜器铭文暨器影汇编》，艺文印书馆，2006，第 41 页。
⑤ 谢明文：《伯句簠铭文小考》，载《中国文字研究》第十八辑，上海书店出版社，2013，第 56—59 页。
⑥ 程燕：《曋叔簠新释》，载《古文字研究》第 25 辑，中华书局，2004，第 199—201 页。
⑦ 陈斯鹏、石小力、苏清芳编著《新见金文字编》，福建人民出版社，2012，第 225 页。
⑧ 周忠兵：《释甲骨文中的"焦"》，《文史》2014 年第 3 期，第 255—262 页。
⑨ 袁金平：《关于曋簠铭文的一点补充》，《古籍研究》2004 年第 2 期，第 35 页。

能拆成"焦""小"两部分。单伯冕父盨盖铭"穛"字作 ，右下部分中间上下有一小横，亦可证器铭"穛"字"隹"下部分是"米"。①

我们认为，谢先生的理解是正确的，可从。那种认为"隹"下面的"米"不但用作意符也作声符"小"的观点，是有问题的。在单叔冕父盨乙器铭文公布之前，学者们往往只就A1形立说，其实相对来说，A2形才是比较标准的写法，也就是说"隹"形下面是"米"而非"小"。同器铭文中有从"米"的"粱"字，如图四：

甲盖铭　　　　甲器铭　　　　乙器铭

图四

所从"米"形与A2、A3的右下部分形所从最为接近。单叔冕父盨铭文在制作的过程中，有文字笔画脱落的现象，如"醴"所从的"酉"形，只有乙器是标准的。A形右下部分的"米"形也不够完整。除此之外，山西翼城大河口墓地出土的霸伯簋铭文中，"粮"字所从"米"形上部往往只有两笔乃至一笔者②，见图五：

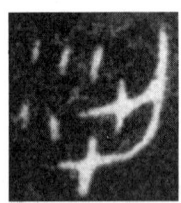

霸伯簋盖铭　　霸伯簋器铭　　霸伯簋器铭　　霸伯簋盖铭

图五

这种情况与A2形是一致的。至于"米"形脱去中间以短横的情况，可以举出的例子，如西周金文中的"粱""穛""稻"等字，见图六：

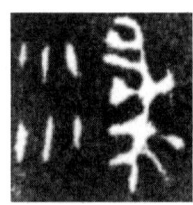 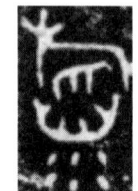

史免簋（《集成》9.4579）　　成伯孙父鬲（《集成》3.680）　　史免簋（《集成》9.4579.2）

图六

由此也可以推断，A1—A3所从的"米"形，严格意义上都是不够标准的形体。A1脱去了中间的一短横。A2象征"隹"尾巴的部分，笔画位置发生了移动，A3所从的"米"形，

---

① 谢明文：《伯句簋铭文小考》，第58页。
② 谢尧亭、王金平、杨及耘等：《山西翼城大河口西周墓地1017号墓发掘》，《考古学报》2018年第1期。

脱去了右下角的一笔。总之，它们都不能被看作"小"形，同铭中"稻"字左边所从"小"作💧，可以比较。所以，把 A 隶定作"餰"，肯定是不正确的。A 形右边也不是从"焦"，隶定作"𩜦"当然也是有问题的，这一点周忠兵先生也已经指出来了。① 现在看来，只有谢明文先生隶定作"饈"是准确的。

单叔奂父盨中的"饈"字，应该分析作从"食""雥"声。从金文、楚简和汉简文字来看，"雥"应该读作"糕"。"雥"及从"雥"之字，见图七的青铜器铭文：

(1a)伯公父簠(《集成》9.4628.1，西周晚期)   (1b)伯公父簠(《集成》9.4628.2)

(2a)羛仲簠(《集成》9.4627，西周晚期)   (2b)羛仲簠

(3)逋簠(《集成》8.4207，西周中期)   (4)伯绅簠(《图像集成》11.5100，西周中期)

图七

(1)伯公父簠铭说"用盛𪏽稻糯粱"，因为有多种金文文例对应，"𪏽"字读作《说文》之"糕"，是毫无异议的。② (2)羛仲簠说"用盛秫稻糕粱"，"糕"字在清代晚期就被阮元释读出来。③ 不过羛仲簠只有摹本传世，且很多个字的摹写形体严重失真，就"糕"字来说，《丛书集成初编》所收《积古斋钟鼎彝器款识》就摹作(2b)之形。所以(2)中的文字释读作"糕"没有问题，但形体摹作从米、焦声，恐怕靠不住。根据(3)形，我们推测所谓的"火"形，极有可能是"斗"形之讹。也就是说，在西周晚期，从"米""焦"声的"糕"字，大概还没有出现。(3)逋簠铭说"穆王亲赐𪏽"。"𪏽"学者们读作"爵"，这个字也应该看作是从斗、雥声，通作"爵"。(4)伯绅簠铭文说"其朝夕用盛粱稻糕"。谢明文先生认为，"糕"字应该是在"雥"下面追加"小"作为声旁。④ 我们同意他的看法，当然也可以看成是把"隹"改造成与"糕"读音相近的"集"声的字。

金文之外，独立的"雥"字还出现在楚文字中。清华简《越公其事》第 55 号简有如下的一段文字：

凡民司事，雥立之次处，服饰、群物、品彩之衍于故常，及风音诵诗歌谣之非越常，聿夷吁蛮，乃趣取戮。

---

① 周忠兵：《释甲骨文中的"焦"》，《文史》2014 年第 3 期，第 260 页。
② 张世超、孙凌安、金国泰：《金文形义通解》，中文出版社，1996，第 1798 页。周忠兵：《释甲骨文中的"焦"》，《文史》2014 年第 3 期，第 258 页。
③ 阮元编《积古斋钟鼎彝器款识》，中华书局，1985，第 387 页。
④ 谢明文：《伯句簠铭文小考》，载《中国文字研究》第十八辑，第 57—58 页。

简文中的"䎱"的字,原篆见图八:

图八

此字过去曾经有"唯""集""杂""牧""精"等多种释读的意见,皆不可信。网友 zzusdy 认为此字与伯公父簠中的 字相同,读作"爵",正确可从。① 简文"爵立"即"爵位"。爵位之次处,《左传·隐公十一年》有一段文字,最能说明问题:

十一年,春,滕侯、薛侯来朝,争长。薛侯曰:"我先封。"滕侯曰:"我,周之卜正也。薛,庶姓也,我不可以后之。"公使羽父请于薛侯曰:"君与滕君,辱在寡人,周谚有之曰:'山有木,工则度之;宾有礼,主则择之。'周之宗盟,异姓为后。寡人若朝于薛,不敢与诸任齿,君若辱贶寡人,则愿以滕君为请。"薛侯许之,乃长滕侯。

这段文字所言,正是爵位与次处的关系。遹簠铭文中的"䎱"读作"爵",是"䎱"读作"爵"更为直接的证据。

时代较晚一点的张家山汉简《二年律令》第18号简说:

有挟毒矢若谨毒、糀,及和为谨毒者,皆弃市。或命糀谓鷃毒。诏所令县官为挟之,不用此律。

简文中的"糀"字,凡两见,原篆见图九:

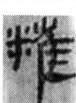 

18　　　　18

图九

张家山汉简的整理者注释说:

糀,应作"蒫"。《广雅·释草》:"蒫,奚毒,附子也。"王念孙《疏证》:"蒫,《玉篇》作蒫。奚毒,一作鸡毒,《淮南子·主术训》云:'天下之物莫凶于鸡毒,然而晾衣橐而藏之,有所用也。'附子可以杀人,《汉书·外戚传》云:'即捣附子,赍入长定宫'是也。"②

整理者认为"糀"字即后世的"蒫""蒫",当然是不错的。但是如何从文字学的角度对"糀"字做出合理的解释,则需要作出解答。自从整理者把上字隶定作"糀"以来,几种收录

---

① 吴德贞:《清华简〈越公其事〉集释》,硕士学位论文,武汉大学,2018,第83—84页。
② 张家山二四七号汉墓竹简整理小组:《张家山汉墓竹简[二四七号墓]:释文修订本》,文物出版社,2006,第11页。

张家山汉简的工具书,也都从此隶定①,学界一直没有提出异议。我们认为整理者把此字隶定作从"米""崔"之形,显然是有问题的。这个字其实应该分析作从"屮""雥"声,严格意义上当隶定作"糕"。"屮""艹"用作表意偏旁的时候每相通无别,张家山汉简《二年律令》18号简中的"糕"字与后世的"蕉"字相当,就必须承认"雥"可以读作"蕉"。

不过,令人感到奇怪的是,张家山汉简《奏谳书》已经两次出现"焦"字:

夫以桑炭之磬,铁口而肉颇焦,发长三寸独不焦,又不类炙者之罪。(第165—166简)

这是抄录的一条"异时卫法",是汉代人转述前朝的法律案例②,但无法判断从"火"的"焦"字是在何时出现的。目前所能见到的时代较早的"燋"字,出现在上博简《鲁邦大旱》第4号简。《说文》:"燋,火所伤也。从火,雥声。焦,或省。"从隹、从火的"焦"字,则较多地见于战国、秦汉简牍以及秦印中③。"焦"字虽然早已出现,但是《奏谳书》的书写者并没有把"糕"写成从"焦"得声的字,也是值得深思的。由此可以我们推测,从西周到秦汉时期,"雥"一直可以作为一个独立的文字出现,或者作为一个声旁出现在形声字中,通作"爵",也可以读作"糕"。从西周金文中从米来看,把它看成"糕"字的初文,应该是可以的。《新出金文字编》根据西周晚期的弭仲簠作"雥"形,认为"雥"是"焦"旁省"火",是不正确的。这种形体或是出于后人的误摹,或是人为的改造。

至于说"雥"字为何可以读作"糕",学者之间有不同的理解。周忠兵先生认为,"隹与焦声音不太近,隹不可能读作焦"④。谢明文先生提出了两种解释的方案:(1)"隹""雀"义近,用作义符时可以相通。古文字中"集""隻""奮""奪"等字,既可以从"隹"作,也可以从"雀"作。"焦""雀"古音相近,"隹""雀"用作义符时又常可相通,以至于"隹"后来可能就有了"雀"的读音,因此"糕"字异体"雥""饎"可以之为声符。(2)"隹""鸟"古本一字,"鸟""少"读音相近,故"雥""饎"等亦可以之为声⑤。

陈剑先生向谢明文先生提出,"糕"所从之"隹"有可能是声符,"谯何"或作"谁何",其中"谯""谁"的关系与"焦""隹"的关系相类。又"憔悴"与"尽瘁"当有关系,而"尽"与"隹"声关系密切,亦可以说"糕"所从之"隹"有可能是声符。⑥ 陈先生的这个意见也是值得考虑的。

综合以上讨论的材料来看,单叔奂父盨中的"饎"、伯公父簠的"雥"读作"糕";遹簠铭文中的"糕"读作"爵"、《越公其事》简中的"雥"读作"爵";张家山汉简《奏谳书》中的"糕"读

---

① 张守中编《张家山汉简文字编》,文物出版社,2012,第197页。邱玉婷:《张家山汉简文字编》,硕士学位论文,复旦大学,2015,第500页。徐正考、肖攀:《汉代文字编》,作家出版社,2016,第1038页。
② 蔡万进:《张家山汉简〈奏谳书〉研究》,广西师范大学出版社,2006,第48页。
③ 王辉主编《秦文字编》,中华书局,2015,第1563页。季旭升:《说文新证》,福建人民出版社,2010,第787页。
④ 周忠兵:《释甲骨文中的"焦"》,《文史》2014年第3期,第259页。
⑤ 谢明文:《伯句簠铭文小考》,《中国文字研究》第十八辑,第58—59页。
⑥ 谢明文:《伯句簠铭文小考》,《中国文字研究》第十八辑,第58页。

作"糕",可知先秦、秦汉古文字中的"雀"是可以作为一个独立的文字出现的,它与"爵""糕"同属于宵部,我们认为它应该就是"糕"字的初文。至于说"雀"的造字理据,谢明文先生只是推测它也许是个合体表意字。我们认为也许可以这样理解:周忠兵先生在《释甲骨文中的"焦"》一文中把甲骨文中的 ▨(《屯南》51)、▨(《合集》32834)、▨(《合集》32891)这些形体改释作"焦",分析为从"隹""小"声,读组"糕",其说可信。"▨"在文字构形上存在一个明显的缺点,就是它与甲骨文中的"镬"十分相近,容易造成文字的混同,所以进入西周之后,当时的人在"▨"形的基础上,把表示声音的"小"改造成"米"形,创造出一个新的"糕"字,不再假借"焦"为之。这样一来,"小"形虽然失其了表音的作用,"米"形却也能起到更好的表意效果,同时又避免了与"镬"形相近致混的弊端,所以,即使写作"雀",在当时也不会被误认。这种写法至迟到汉初仍然存在,也足以显示出它的生命力。不过也必须承认,在西周时期,仍然有从"米""焦"声的"糕"字并存。只是到了汉代以后,从"米""焦"声的"糕"形占据了正体字的地位,"雀"形才逐渐退出历史的舞台。

A Supplement to Shan Shuhuanfu Xu's Character "穛(zhuō)"
Zhang Xinjun

Abstract: In the inscription of Shan Shuhuanfu Xu, there is a character "饌" interpreted as "穛(zhuō)", from the point view of literary meaning, it develops simultaneously with "稻(dào)", "糯(nuò)"and "粮(liáng)"。The character "穛(zhuō)" might be the origal character of "糕((zhuō)" meaning the early harvested grain in *Shuowenjiezi*. Scholars do not have the same understanding on how to explain the structure of "饌(zhuō)". From the clear pictures, "饌(zhuō)" can be seen that it is a word from "食(shí)", "米(mǐ)"and "隹(zhuī)". According to the data of ancient Chinese characters, such as Jinwen in the Western Zhou Dynasty, Qin and Han in the Warring States Period, "糕(zhuō) can appear as an independent text, it is similar to the pronunciation of "爵(jué)" and "雀(què)", may be the preliminary word of "糕((zhuō)". In the inscription "饌(zhuō)"of Shan Shuhuanfu Xu, the shape of "糕((zhuō)" can play the role of acoustic sign.

Key words: the inscription of Shan Shuhuanfu Xu; 糕(zhuō); acoustic sign

民俗文化研究

关于"地下二千石"*

黄景春

摘要:"二千石"即月俸为二千石谷米,是西汉初年出现的官秩,多指郡守类高官。"地下二千石"是模仿阳世官秩而产生的阴间官秩,最早出现于东汉宗教性随葬文书之中。"二千石"作为官秩,魏晋以后不复存在,但在买地券中,"地下二千石"一直出现,南朝称"冢中二千石",唐五代称"土下二千石",两宋还有"土下二千石神""土下两千石禄"等名目。宋人对"土下二千石"感到费解,名目之后加"禄"或"神"字,有注解之用。南宋以后,"土下二千石"在宗教性随葬文书中消失了,但其他一些冢墓神仙仍在买地券中反复出现。

关键词:二千石;地下二千石;宗教性随葬文书;冢墓神仙

作者简介:黄景春(1965—),男,河南确山人,上海大学文学院教授,中文系主任。

东汉买地券、镇墓文中经常出现"地下二千石",与其他阴间神祇相并列。"二千石"是汉代官秩,即月俸禄达到二千石的官员,多为郡守、诸侯相之类的高官。"地下二千石"显然是模仿阳世官秩所造,意为地下阴间的高官。从冢墓神祇"地下二千石",可以透视出随葬文书中的一部分阴间神祇,由模仿两汉社会的官僚体制而创设。

一、西汉二千石之秩

"二千石"作为官秩,在西汉初年即已出现。汉高祖刘邦已设二千石之官吏。《汉书·高帝纪下》载高祖自代郡还,欲设诸侯王,选择诸子为代王,诏曰:"王、相国、通侯、吏二千石,择可立为代王者。"[②]这里就出现了"吏二千石",也就是俸禄在二千石的官吏。二千

---

* 本文系教育部规划项目"中国民间宗教性随葬文书整理与研究"(10YJA730004)的阶段性成果。
② 班固:《汉书》,中华书局,1975,第70页。

仅在诸侯王、相国、通侯之下,是相当于郡守、诸侯相之类的高官,此制在汉初已经形成。《史记》《汉书》多次出现二千石,皆用以指郡守之类高官。如《史记·孝文本纪》载吕后崩逝后,诸吕之乱被平定,群臣谋议推立新帝,朱虚侯刘章、东牟侯刘兴居、典客刘揭等皆言曰:"子弘等皆非孝惠帝子,不当奉宗庙,臣谨请阴安侯、列侯顷王后与琅邪王、宗室、大臣、列侯、吏二千石议。"① 此处"吏二千石"所指与上处相同。

关于汉初"吏二千石"都有哪些高官,虽有史书可查,但不甚详明。1983年湖北江陵张家山汉墓出土的《二年律令·秩律》,书写时代为汉初吕后时期,其中文字可补史乘不足。其文曰:

> 御史大夫,廷尉,内史,典客,中尉,车骑尉,大仆,长信詹事,少府令,备塞都尉,郡守,尉,卫将军,卫尉,汉中大夫令,汉郎中(令),奉常,秩各二千石。②

可以看出,郡守只是众多二千石官秩者之一,还有众多的中央机构、后宫、郡国的文武官员,官秩也在二千石之列。在二千石的基础上,后来又出现了中二千石、真二千石、比二千石等秩级。《汉书·百官公卿表上》颜师古注曰:"汉制,三公号称万石,其俸月各三百五十斛谷。其称中二千石者月各百八十斛,二千石者百二十斛,比二千石者百斛。"③ 这里没有提及"真二千石",但《汉书·朱博传》载:"前丞相方进奏罢刺史,更置州牧,秩真二千石,位次九卿。"④《汉书·外戚传上》载:"婕妤视中二千石,比关内侯;傛华视真二千石,比大上造;美人视二千石,比少上造。"⑤ 西汉形成了万石、中二千石、真二千石、二千石、比二千石的高级官吏的秩禄等级。不过,也有人认为,真二千石从来没有成为一个独立的秩级。⑥ 围绕有无真二千石,学者们把汉代二千石划分为四级和三级两种。陈梦家认为:"汉初最高秩为二千石……后来增中、真、比为四等。"⑦ 任攀也认为:"'真二千石'在之前确曾作为正式秩级存在过","'真二千石'是从'二千石'分化出来的,成为正式秩级可能晚到汉成帝时"。⑧ 也有学者否认真二千石为独立秩级,认为西汉二千石实为三级。如周国林认为:"真二千石就是二千石","诸二千石共为三等,也大致可以肯定下来了"。⑨ 台湾中研院的廖伯源也认为:"今考辨汉代并无官员之秩级为真二千石,真二千石为二千石之

---

① 司马迁:《史记》,中华书局,1959,第415—416页。
② 《张家山汉墓竹简(二四七号墓)》,文物出版社,2006年,"图"第440—441页,"释文"第224页。"释文"参考了阎步克《〈二年律令·秩律〉的中二千石秩级阙如问题》,《河北学刊》2003年第5期。
③ 班固:《汉书》,中华书局,1975,第721页。
④ 班固:《汉书》,中华书局,1975,第3406页。
⑤ 班固:《汉书》,中华书局,1975,第3935页。
⑥ 周群:《西汉二千石秩级的演变》,《史学月刊》2009年10期,第20页。
⑦ 陈梦家:《汉简所见奉例》,《文物》1963年第5期,第33页。也见陈梦家:《汉简缀述》,中华书局,1980,第136页。
⑧ 任攀:《敦煌汉简中有关汉代秩级"真二千石"的新发现》,《史学月刊》2013年第5期,第39页。
⑨ 周国林:《汉史杂考》,《华中师范大学学报》(哲学社会科学版)1995年第1期,第67—69页。

别名。"①其实,把二千石分为四级和三级都各有文献依据,这里有俸禄等级和实际任职状况的区别,所以阎步克说:"对二千石诸秩,'三等说''四等说'各有理由,也各有其简单化的地方。汉初只有二千石一秩,中二千石、真二千石、比二千石是后来衍生的。从俸禄上看它们构成四级,但真二千石与二千石之间经常是'真''守'关系,在这时它们又可以视同一秩。"②但是,他的这个说法在给学者们启发的同时,也未能解决全部问题,近年争论仍在进行。

二千石秩级中有"中二千石"一级。对这个"中"字也有不同理解。颜师古注曰:"汉制,秩二千石者一岁得一千四百四十石,实不满二千石也,其云中二千石者,一岁得二千一百六十石。举成数言之,故曰中二千石。中者,满也。"③这个说法长期流传,影响很大。但台湾"中研院"的劳榦对此不以为然,他说:"鄙意中二千石之中,亦如中尉之中,犹言京师。京师之二千石乃对郡国之二千石而言。"④此说近年已为多数学者所接受。阎步克还拿汉初《秩律》加以印证:"比如张家山汉简《二年律令·秩律》中的二千石官,御史大夫、廷尉、内史、典客、中尉、车骑尉、大仆、长信詹事、少府令、卫将军、卫尉、汉中大夫令、汉郎中令、奉常,应属'京师二千石';而备塞都尉、郡守、郡尉,是为'郡二千石'。同是二千石之'尉',中央之尉为'中尉',各郡之尉为'郡尉',是为对称。"⑤也就是说,中二千石实为在中央各机构任职的二千石秩级的官员,而中国历代以京官为贵,以中央为尊,中二千石也就比其他地方的二千石具有更高的地位,待遇也要好一些。

各地郡守一般都是二千石秩级,所以二千石也成为郡守的代称,西汉已是如此,东汉更为常见。《后汉书·光武帝纪上》载:"及更始至洛阳,乃遣光武以破虏将军行大司马事。十月,持节北度河,镇慰州郡。所到部(郡)县,辄见二千石、长吏、三老、官属,下至佐史,考察黜陟,如州牧行部事。"唐李贤注曰:"二千石谓郡守也。"⑥此代称相沿成习,后世二千石官秩不行,而名称沿用不废。如《新唐书·太宗子列传》曰:"(李)峘由考功郎中拜睢阳太守,以清简为二千石最。"⑦再如《元史·李德辉传》云:"至元元年,罢宣慰司,授太原路总管。时潜籓故傅相无有出为二千石者,帝以太原难治,故以德辉为守。"⑧隋唐以后废郡,代之以州府,二千石官秩也早已不存,但二千石一词仍用以指代郡守(知府)级别的地方长官。

西汉时期二千石秩级的高官,其级别类似于今天所谓的"高干"。对于各地百姓来说,二千石官员更是他们有可能见到的最高官员。因此,从民众角度来看,二千石就是高级官员的代称。

---

① 廖伯源:《辨"真二千石"为"二千石"之别称》,《史学月刊》2005年第1期,第17页。
② 阎步克:《也谈"真二千石"》,《史学月刊》2003年第12期,第20页。
③ 班固:《汉书》,中华书局,1975,第264页。此处颜注除了"中者,满也"存有质疑,王鸣盛还指出,这里颜师古是"以后汉制当前汉制"。(见王鸣盛《十七史商榷》卷三十四,上海书店出版社,2005,第241页)
④ 劳榦:《秦汉九卿考》,《劳榦学术论文集》甲编上册,艺文印书馆,1976,第866页。
⑤ 阎步克:《也谈"真二千石"》,《史学月刊》2003年第12期,第18页。
⑥ 范晔:《后汉书》,中华书局,1965年,第10—11页。
⑦ 欧阳修、宋祁、范镇等:《新唐书》,中华书局,1965,第3568页。
⑧ 宋濂:《元史》,中华书局,1976,第3816页。

二、"地下二千石"及其他冢墓神仙

西汉的告地书和东汉的买地券、镇墓文中书写的阴间官吏,多是比照阳间官僚体制复制而成。二千石官员既为高官,也成为民间创制阴间神祇的比照对象。西汉尚未见以二千石命名的神祇。二千石最早出现在永建三年(128年)缺名陶瓶朱书镇墓文:"丘丞墓伯、中□二千石。"①此陶瓶朱书为罗振玉录文,二千石前缺一字,可参考山西临猗县出土的延熹九年(166年)韩袱兴镇墓文"五部中都二千石"②,此字或也为"都"字;但也可能并无缺字,只是"中"字笔画较长,占位较大,被误判有一字。无论属于前者还是后者,此处都应是中二千石的意思,而中二千石为二千石中的最高秩级。"中二千石"前没有地下二字,但因与丘丞墓伯并列,所言肯定是地下神祇。"中二千石"之后便是"各瓶别律令",借其名号以为律令,可知此件文书乃是借其神名以宣示威权。西安中华小区出土的阳嘉四年(135年)王巨子陶瓶朱书镇墓文写作"天帝告丘丞墓伯地下二千石"③。这里"地下"二字明确了二千石冢墓神吏的性质,以区别于阳间的二千石官吏。文中假借天帝之名告知地下二千石,墓主已死,不得谪罚,亡人也不得与生者相交通。清末民初西安郊外出土的永寿二年(156年)成桃椎陶瓶朱书镇墓文也写作"天帝使者告丘丞墓伯、地下二千石"④,借天帝使者之名告知地下二千石为墓主解除拘校,并申言"死生异簿,千秋万岁,不得复相求索"。东汉买地券中出现"地下二千石",最早为河南孟津出土的延熹四年(161年)锺仲游妻买地券,其文曰:"黄帝告丘丞墓伯、地下二千、墓左墓右、主墓狱吏、墓门亭长,莫不皆在。"⑤此处与地下二千石并列的冢墓神祇,都是按照在冢墓中的功能命名的,如果去掉"地下""丘""冢""墓门"等字眼,我们发现这些神祇与阳间官吏大致是同名的。

吴荣曾讨论过汉代由冥吏构成的地下官僚体制,他曾抄录了常见"地吏",名录如下:地下二千石、冢侯冢令、丘丞墓伯、陌上游徼、主墓狱吏、陌门卒史、墓皇墓主、西冢公伯、东冢侯、西冢伯、墓门亭长、魂门亭长、蒿里君、蒿里父老、中蒿长。他认为:

> 所谓地下二千石、冢丞冢令,大约相当于汉制的郡守和县之令丞。亭长、父老、伍长则相当于汉的乡里小吏。其他还有游徼、狱史、卒史等,表明汉人所构想出的地下阴曹,除了一般官吏外,还有从事于刑狱和镇压的法官和武吏。以上这些官名,多为汉人以汉官制度为范母扣制而成。⑥

吴氏指出了汉代阴间官吏都是从汉官制度中复制出来的这一实情。二千石是西汉才

---

① 罗振玉:《古器物识小录》,墨缘堂,1931。
② 王泽庆:《东汉延熹九年朱书魂瓶》,《中国文物报》1993年11月7日,第3版。
③ 西安市文物保护考古所:《西安中华小区东汉墓发掘简报》,《文物》2002年第12期,第26页。
④ 下中弥三郎编《书道全集》卷三,平凡社,1931,"图"第4—5页,"释文"第14页。
⑤ 罗振玉:《贞松堂集古遗文》卷十五,北京图书馆出版社,2003。
⑥ 吴荣曾:《镇墓文中所见到的东汉巫道关系》,《文物》1981年第3期,第60页。

出现的官名,东汉买地券、镇墓文已比附它造作出"地下二千石"。这是民间依据现实社会的官僚制度想象阴间世界的显明例证。当然,除了他罗列出来的这些证据,我们还可以找到很多类似的事例。

如果对东汉出土文献加以梳理,我们甚至可以找到阳世官职转化为阴间神祇的演进痕迹。以"都督"一职为例。东汉时期已有"都督",为军中领兵之官。如东汉建和二年(148 年)褒斜道石门附近摩崖石刻《石门颂》中有"都督掾南郑巍(魏)整字伯玉"①。古代的"掾"为佐助官吏,既然有"都督掾",则必然有"都督"。这样新出现的都督,很快就出现在随葬文书中。1973 年山东苍山县出土的东汉元嘉元年(151 年)画像石题记②,其中文字描写的内容,与画像石可以对照。题记有文字曰:"堂峡外,君出游,车马道(导)从骑吏留,都督在前后贼曹。上有虎龙街(衔)利来,百鸟共□至钱财。"③发掘者认为,这段文字与墓门楣石画像正相对应。该画像可分上下两栏,上栏中间刻双兔,两侧刻五龙一虎。下栏为车骑出行图,车骑向右侧奔驰,前有两导骑,后轺车二辆,各乘二人;轺车后为斧车,车厢正中竖一大斧,后斜插双戟;后随一骑吏,最后跟一辎车;车骑行列前刻一人躬身作迎接状。显然,画像和题记描写原墓主死后在阴间出游的情景。让都督、贼曹出现在出游的队列中,显示了墓主在阴间地位高显,出行时有高官陪同,有治安官保驾。画面显现了都督从人间官员向阴间神祇转变的趋势。不过,这种转变显然并没有完成,也未被普遍接受,后世买地券、镇墓文并没有"都督"或"地下都督"这样的神祇,阴间武将仍是将军、都尉、游徼等。

"督邮"也是西汉开始设置的官吏,后世转化出一位阴间神祇"地下督邮"。《汉书·文帝纪》载:"二千石遣都吏循行,不称者督之。"颜师古注曰:"律说,都吏今督邮是也。"④可知西汉初期已有此职,且为郡守属吏,职责是循行本郡各县,宣达政令,考察各县令长僚属。督邮来到所属各县,威权甚盛,至魏晋仍然如此。《晋书·隐逸传》载:"郡遣督邮至县,吏白应束带见之,(陶)潜叹曰:'吾不能为五斗米折腰,拳拳事乡里小人邪!'义熙二年(406 年),解印去县。"⑤陶潜为了不折腰侍奉督邮,竟然挂冠而去,折射出当时督邮仍威势逼人。汉魏买地券、镇墓文尚未看到由这位尊贵官吏复制的神祇,但在南朝买地券中就已出现了。长沙出土的元嘉十年(433 年)徐副买地券,其中"土中督邮",与丘丞墓伯、冢中二千石、左右冢侯、丘墓掾史、营土将军、安都丞、武夷王、道上游逻将军、道左将军、道右

---

① 东汉王升书写的《石门颂》,全称《故司隶校尉犍为杨君颂》,载清徐廷钰《褒谷古迹辑略》。也见洪适《隶释》卷四,题名《司隶校尉杨孟文石门颂》。
② 张其海的原发掘报告将此墓定为南朝刘宋元嘉元年(424 年)墓,但多位考古学者认为应为东汉墓。方鹏钧、张勋燎详细考察了该画像石和题记,确认是东汉之物,至于墓中出土器物类于南朝,他们给出两种可能的解释:1. 墓葬和随葬器物的年代和画像石、题记同时,都是东汉桓帝时的遗存;2. 魏晋人利用东汉元嘉元年画像石墓的墓室埋葬尸体和殉葬品,或者利用其画像石材建造新墓。二氏倾向第二种情况,并认为"第二次入葬或新建的时间不得晚于西晋"。见《山东苍山元嘉元年画像石题记的时代和有关问题的讨论》,《考古》1980 年第 2 期,第 271—277 页。
③ 张其海:《山东苍山元嘉元年画像石墓》,《考古》1975 年第 2 期,第 126—127 页。
④ 班固:《汉书》,中华书局,1975,第 113—114 页。
⑤ 房玄龄:《晋书》,中华书局,1974,第 2461 页。

将军、三道将军、蒿里父老、都集伯㑑等众多阴间神祇并列在一起。① 鄂州出土的元嘉十六年(439年)萧谦买地券,武汉出土的永明三年(485年)刘觊买地券,也都有"土中督邮"。这三件买地券出土于湖南、湖北,天师道色彩比较浓厚,在文本格式上则属于同一类型。这种道教色彩浓厚的买地券出现"土中督邮",说明阳间官吏经过加工转化为阴间神祇,不仅民间巫觋方士接受,道教也持开放态度。

由二千石转变成地下二千石,由督邮转变成土中督邮,体现了阳间官吏被复制到阴间世界,被加工成阴间神祇的造神方式。而且,这种造神方式长期沿袭,迄今未寝。

三、后世随葬文书中的"地下二千石"

二千石作为官秩,魏晋以后不再使用,隋唐以后仅在表示郡守(知府)类地方长官时偶尔用到。在随葬文书中,从魏晋到唐宋"地下二千石"的名称有所变异,但此神祇一直出现,直到南宋后期为止。

魏晋时期,地下二千石出现较多,用法与东汉买地券、镇墓文相类。如湖北武汉出土的永安五年(262年)彭卢买地券:"谨请东陵西陵、暮(墓)伯丘丞、南栢(陌)北栢(陌)、地下二千石、囗土公神囗。"②这里也是在券文中告知阴间冥神,请他们保佑墓主。大约为晋代之物的虵程氏父母铅质镇墓文,共四件,文字相同。其乙件曰:

告立之印,恩在墓皇墓伯、墓长墓令、丘丞、地下二千石、地下都尉、延门伯吏、蒿里父老、家中守志,虵程氏当蓐父母,一臧五棺。无责家室孙子儿妇,还往归后。窆埋以后,长宜孙子。他如律令。③

文中首先告知地下二千石等阴间众神,虵程氏父母前来下葬,然后祷请亡人不要责怪家中子孙儿媳等人,还归后土之后,保佑子孙兴旺。地下二千石仍属阴间威权之神,因而也是墓主下葬时必须告知的神祇。甘肃高台骆驼城出土的魏晋时期木牍墨书镇墓文作:"赤松子、如地下二千石、雷电君共三画,青乌子共知要,急急如律令。"④地下二千石与赤松子、灶君一起,充当了镇墓文书写者的角色。

在南朝买地券中,对地下二千石的称呼略有变化,都写作"冢中二千石"。如徐副买地

---

① 长沙市文物工作队:《长沙出土南朝徐副买地券》,载湖南省文物考古研究所编《湖南考古辑刊》第一集,岳麓书社,1982,第127—128页。
② 武汉市文物管理委员会:《武昌莲溪寺东吴墓清理简报》,《考古》1959年第4期,"图版二"。程欣人《武汉出土的两块东吴铅券释文》,《考古》1965年第10期,第529—530页。
③ 下中弥三郎编《书道全集》卷三,平凡社,1931,第15—17页。
④ 赵雪野、赵万钧:《甘肃高台魏晋墓墓券及所涉及的神祇和卜宅图》,《考古与文物》2008年1期,第87页。刘卫鹏:《甘肃高台十六国墓券的再释读》,《敦煌研究》2009年1期,第48页。

券写作"丘丞墓伯,冢中二千石"①,蒲谦买地券也写作"丘丞墓伯,冢中二千石"②。另外,广东始兴县妳女买地券、武汉刘觊买地券、湖南资兴县缺名买地券、广西桂林熊薇买地券、湖南资兴县何靖买地券等,也都写作"冢中二千石",前后并列之神有时是丘丞墓伯和左右冢侯,有时左右冢侯写在墓主的前头,其后紧接的是安都丞、武夷王。这些阴间神祇都被告知墓主前来下葬,要求他们好好保佑,以防其他比居亡人侵占墓主阴宅。

隋唐五代时期,"地下二千石"的称呼又有所变化,多被称作"土下二千石"。可参见如下几件券文:

湖南湘阴县出土的大业六年(610年)陶智洪买地券:"左右冢侯、丘承墓伯、地下二千石、安都武夷王。"③

江苏丹徒县出土的延载元年(694年)伍松超买地券:"塋(地)下先人、蒿里老、左右承(丞)、墓伯、土下二千石、安都丞、武夷王,卖此冢塋。"④

南昌出土的大顺元年(890年)熊氏十七娘买地券:"藏下土历君侯、二千石不得呵止。"⑤

武汉出土的武义元年(919年)随氏娘子买地券:"殁故亡人随氏娘子厝神,永远当归蒿里,告丘承墓伯、蒿里父老、土下二千石、安都丞相、武夷王。"⑥同墓出土的随氏娘子柏人俑镇墓文中各神祇写法相同,但有残文。

合肥出土的大和三年(931年)李赞买地券:"久久之后,□无人夺,土下二千石。"⑦

合肥出土的天祚三年(937年)赵氏娘子买地券:"谨诣土官土府土下二千石,土下若先有居/□并是亡人邻里,若是小而吊为亡人所使。"⑧

以上7件买地券,除了隋朝陶智洪买地券跟南北朝保持一致,称地下二千石之外,其他5件称土下二千石,1件称二千石。就职能而言,在这7券当中,只有伍松超券充当卖地人,其他6券都与众多神祇并列,并作为墓主下葬时的告知对象,被请求保佑该墓主不受其他亡魂打扰。

两宋时期,买地券中"地下二千石"的功能变化不大,但称呼又有新变。如江西南城县出土的嘉祐二年(1057年)陈氏六娘买地券:"禁司土公土母、土伯土历、土下两千石禄、墓门厅(亭)长、蒿里父老、武夷王等。"⑨湖北广济县出土的元丰七年(1084年)邓七郎买地券:"点穴地下仙人、蒿里父老、土下二千石,更相咨纳,左右有外姓鬼神,不得递相很(侵)

---

① 长沙市文物工作队:《长沙出土南朝徐副买地券》,载湖南省文物考古研究所编《湖南考古辑刊》第一集,岳麓书社,1982,第127—128页。
② 黄义军、徐劲松、何建萍:《湖北鄂州郭家细湾六朝墓》,《文物》2005年第10期,第42—43页。
③ 熊传新:《湖南湘阴县隋大业六年墓》,《文物》1981年第4期,第43页。
④ 刘兴:《武周延载伍松超地券》,《文物》1965年第8期,第53—54页。
⑤ 江西省博物馆:《江西南昌唐墓》,《考古》1977年第6期,第402页,"图版拾贰"。
⑥ 黄凰春:《湖北剧场扩建工程中的墓葬和遗迹清理简报》,《江汉考古》2000年第4期,第6—7页。
⑦ 汪炜、赵生泉、史瑞英:《安徽合肥出土的买地券述略》,《文物春秋》2005年第3期,第61页。
⑧ 汪炜、赵生泉、史瑞英:《安徽合肥出土的买地券述略》,《文物春秋》2005年第3期,第62页。
⑨ 薛尧:《江西南城、清江和永修的宋墓》,《考古》1965年第11期,第572页

夺。"①以上二券都要求"土下二千石（禄）"约束其他鬼神，不得侵扰墓主。江西瑞昌市出土的绍兴三年（1153年）刘三十八郎买地券："丘丞墓伯，冢中两千石，封步界畔。"②此券要求"冢中两千石"跟丘丞墓伯一起"封步界畔"，其实也就是要求他们保护墓主不受外来鬼神侵犯。福州北郊出土的淳祐三年（1243年）黄氏买地券："土下二千石神、蒿里父老、武夷山王、玄武鬼律、地女星照。"③此券罗列"土下二千石神"等，都是"符告"对象，也是要求他们保护墓主，防止无道之神干犯亡灵。以上所举4券，地下二千石的功能是一致的，但称呼各不相同。为什么出现这种情况呢？大概由于二千石早已不再是现世社会的官吏，人们对这个名词已经十分陌生，于是称说不一，或后面加"禄"字，或"神"字，都是为了帮助人们理解"二千石"的含义。此时人们显然对二千石在理解上已经遇到了困难，而大家都不理解的名目，是比较容易被遗忘的。此后的元、明、清三代，"地下二千石"在随葬文书中不再出现。两宋时期的这种境况，已见其行将消失的端倪。

"地下二千石"是一位只出现在随葬文书或其他丧葬仪式上的专职冢墓神仙。历代宗教性随葬文书中出现神祇众多，有的是由黄帝、青乌子、太上老君、东王公、西王母等著名神仙兼任地下冢墓之神，笔者称之为"兼职冢墓神仙"；有的则是只出现在冢墓之中，不出现在其他场所中的神祇，笔者称之为"专职冢墓神仙"。在随葬文书中出现次数较多的兼职冢墓神仙有：

黄帝、青乌子、北辰、太上老君、西王母、东王公、元始明真、女青、泰山将、赤松子、东方朔、王子侨、灶君、白鹤仙、双鲤鱼、仓（苍）林君、安都丞、武夷王、天帝神师黄神越章、天光、黄神北斗、八魁九坎、都集伯伥、天罡、太一、随斗十二神、黄神后土、皇天后土、五道大神、大德比丘、山神土地、河伯、岁月主者、今日直符、管公明、开皇地主、社主、山岗龙王、当境土地、土冢明堂五方诸神、八卦大神将、鬼谷仙、城隍、土地公、魑魅魍魉、九玄元女、玉帝、白大仙、郭璞、杨公（杨救贫）、黄地主、土府大帝。

专职冢墓神仙有：

地下二千石、张坚固、李定度、蒿里父老、石功曹、金主簿、丘丞墓伯、道路将军、冢侯司马、重复之鬼、墓皇、墓伯、墓主、墓长、墓令、墓左墓右、主墓狱吏、东阡西阡、南陌北陌、魂门亭长、冢丞冢令、主冢司令、冢中游击、魂门祭酒、地下都尉、延门伯史、高里闾长、营土将军、土中督邮、营域亭部、登明、功曹、传送、墓乡右秩、土皇土祖、游逻将军、当道将军、五土将军、丘墓之神。

当然，上述两种神仙还有很多，以上只是不完全罗列。但从这两组神仙名单中，仍可窥见二者之不同。专职冢墓神仙都是以功能命名，大多是从阳世官僚体制中"扣制"出来

---

① 程达理：《广济县发现北宋时期地契》，《江汉考古》1987年第2期，第99页。
② 刘礼纯、周春香：《江西瑞昌发现南宋纪年墓》，《考古》1991年第1期，第92页。
③ 福建省博物馆：《福州市北郊南宋墓清理简报》，《文物》1977年第7期，第13—14页。

的,他们的功能性神祇的特征比兼职冢墓神仙更加明显。

What's the "Two Thousand Dan Underground"
Huang Jingchun

Abstract: "Two thousand dan" means that the official whose monthly salary is two thousand tam rice. This official rank originated in the early Western Han Dynasty and always referred to senior chief official in various regions. Imitated from the world bureaucratic system, the underground official appeared in Eastern Han Dynasty in religious funerary instruments. Although "two thousand dan" ceased to exist after Wei and Jin dynasties, this underworld official always existed in the religious funerary instruments, however its name had repeatedly changed in subsequent dynasties. People were so confused about "two thousand dan underground" in Song Dynasty, thus they added "saint" or "god" to annotate. After Southern Song Dynasty, "two thousand dan underground" disappeared in the burial files, but some other grave gods still appeared in the underworld deeds for a long time.

Key words: two thousand dan; two thousand dan underground; religious funerary instrument; grave god

论岁时节令与古代戏曲表演中的色彩选择*

杨 蕾

摘要：岁时节令作为原始信仰和民间习俗的强化渠道，不仅凝聚着人们在社会生活中约定的崇尚和禁忌，更凸显着社会意识形态的权威和主流。通过岁时节令所举行的民间仪式和祭祀活动将民间禁忌和主流意识传递给民众，并在潜移默化中加以稳固和张扬。戏曲表演作为传统高台教化的重要形式，天然地和岁时节令相关联，使得古代戏曲舞台在视觉上呈现出别具韵味的色彩选择，这其中既有承载"乐感文化"和"乐天悯人"的色彩崇尚，也有展现取悦神灵和趋吉避祸的色彩禁忌。

关键词：岁时节令；戏曲；色彩

作者简介：杨蕾，男，汉族，1982年8月生，河南汝州人，2013年毕业于河南大学文学院古典文献学专业，获文学博士学位，现为周口师范学院文学院戏剧影视文学教研室专职教师。主要从事古典戏曲、河南地方戏及戏曲舞台美术研究。

岁时节令作为人们社会生活中约定俗成的集体性习俗活动，有着较强的周期性、重复性等特征，不仅是官方主导借以强化自身权威地位的有效途径，更是民间文化维护原始信仰的重要体现。《周易·系辞下》云："寒往则暑来，暑往则寒来，寒暑相推而岁成焉。"②《尔雅·释天》："夏曰岁，商曰祀，周曰年，唐虞曰载。"③《白虎通义·四时》云："岁时何谓？春夏秋冬也。时者，期也，阴阳消息之期也。"④《论衡·难岁》："积分为日，累日为月，连月为时，纪时为岁，岁则日、月、时之类也。"⑤戏曲作为岁令时节重要的演出活动，不仅充斥着原始祭祀礼仪的惯性心理，而且夹杂着世俗娱乐活动的集体狂欢。色彩在戏曲人物扮饰中以趋吉避凶的文饰及乐天悯人的狂欢内涵中展示出人们在岁令时节的心理模式及信仰体系。

---

* 本文为2017国家社科基金后期资助项目"中国戏曲表演的色彩艺术研究"（2017FYS020）阶段性成果。
② 《周易·系辞下》，载王弼注，孔颖达正义《周易正义》卷八，中华书局，2009，第182页。
③ 《尔雅·释天》，载郭璞注，邢昺疏《尔雅注疏》卷六，中华书局2009，第5673页。
④ 《白虎通义·四时》，载陈立《白虎通疏证》卷九，中华书局，1994，第429页。
⑤ 《论衡·南岁》，载黄晖《论衡校释》卷二十四，中华书局，1990，第1129页。

一、乐天悯人的色彩崇尚

　　从祀神赛社、歌台庙会到家乐庆赏、宫廷会演,在岁令时节中的戏曲演出隐含着浓重的"狂欢"色彩。戏曲不仅承载着古代"乐感文化"的精髓特质,而且彰显着"乐天悯人"的人文情怀。人物造型及扮饰表演在岁令时节的氛围中以符合节庆主旨的色彩选择进行演出活动,使得人们在观演过程中获取情感的宣泄与灵魂的释放。无论是"乐天安命"还是"悲天悯人",其立足点都是从世俗的生活情景中寻求人生价值的寄托,是对现世务实精神的肯定以及对来世虚妄的怀疑,不仅是儒家乐感文化的思想体现,更是普通民众对现世此岸世界的一种妥协与超越。

　　《论语·述而》载:

　　饭疏食饮水,曲肱而枕之,乐亦在其中矣。不义而富且贵,于我如浮云。①

　　《论语·子罕》载:

　　智者不惑,仁者不忧。②

　　《荀子·乐论》载:

　　夫乐者,乐也,人情之所必不免也,故人不能无乐。③

　　在儒家哲学中,"忧"与"乐"并非仅指单纯的心理本体意义,更多的是深层的精神内涵。"忧"所展现的是奋发图强、取义成仁积极用世的态度,"乐"则反映遂性率真、逍遥自得的安稳心境。二者所蕴含的审美理想以及被赋予的精神内涵通过戏曲等艺术样式被转换为民间所尊崇的普世价值。"乐天"不仅隐含着儒家哲学的"乐以忘忧"的忧乐关系,更反映着普通大众乐观向上的娱乐情怀。岁时节令作为传统文化和民间风俗的重要节点,不仅是儒家忧乐理念的张扬平台,更是民间社会心理的宣泄场所。戏曲演出依附于岁时节令,并将这种"乐天悯人"的氛围以表演形式加以营造,使得观者与演员在假定的舞台时空中得到情感和心理上的共鸣。戏曲舞台以"乐"为中心,融合面部妆扮、服装扮饰、砌末道具来营造群族共同欢庆的虚拟时空,赋予人物装扮以丰富的人文内涵及情感观照,形成视觉与心理共融的观演效果。无论是早期的戏曲装扮还是后期成熟戏剧的演出活动,"求乐"心理以及"娱乐"要义都成为其人物扮饰的基本内涵。

　　元人胡祗遹《赠宋氏序》载:

---

① 《论语·述而》,载何晏注,邢昺疏《论语注疏》卷七,中华书局,2009,第5392页。
② 《论语·子罕》,载何晏注,邢昺疏《论语注疏》卷九,中华书局,2009,第5411页。
③ 《荀子·乐论》,载王先谦《荀子集解》卷十四,中华书局,1988,第448页。

百物之中,莫灵莫贵于人,然莫愁苦于人……此圣人所以作乐以宣其抑郁,乐工伶人之亦可爱也。①

元代钟嗣成《录鬼簿》载:

歌曲词章,由于和顺积中,英华自然发外,自有乐章以来,得其名者止于此。②

明代王骥德《曲律》载:

大略曲冷不闹场处,得净、丑间插一科,可博人哄堂,亦是剧戏眼目。若略涉安排勉强,使人肌上生栗,不如安静过去。③

祁彪佳评沈自征《霸亭秋》载:

传奇取人笑易,取人哭难。有杜秀才之哭,而项王帐下之泣,千载再见;有沈居士之哭,即阅者亦唏嘘欲绝矣。长歌可以当哭,信然。④

清代李渔《闲情偶寄》载:

插科打诨,填词之末技也。然欲雅、俗同欢,智愚共赏,则当全在此处留神。文字佳,情节佳,而科诨不佳,非特俗人怕看,即雅人韵士,亦有瞌睡之时。⑤

王国维《〈红楼梦〉评论》载:

吾国人之精神,世间的也,乐天的也,故代表其精神之戏曲小说,无往而不著此乐天之色彩,始于悲者终于欢,始于离者终于合,始于困者终于亨。非是而欲伏餍阅者心之,难矣。⑥

---

① 胡祗遹:《赠宋氏序》,载《紫山大全集》卷八,商务印书馆,1973,第56—57页。
② 钟嗣成:《录鬼簿》,载中国戏曲研究院编《中国古典戏曲论著集成》(二),中国戏剧出版社,1959,第104页。
③ 王骥德:《曲律》,载中国戏曲研究院编《中国古典戏曲论著集成》(四),中国戏剧出版社,1959,第141页。
④ 祁彪佳:《远山堂剧品》,载中国戏曲研究院编《中国古典戏曲论著集成》(六),中国戏剧出版社,1959,第143页。
⑤ 李渔:《闲情偶寄》,载中国戏曲研究院编《中国古典戏曲论著集成》(七),中国戏剧出版社,1959,第61页。
⑥ 王国维:《〈红楼梦〉评论》,载阿英编《晚清文学丛钞·小说戏曲研究卷》,中华书局,1960,第112页。

上述材料可以看出,论者虽有阶级之分、时代之别,但对于戏曲演出调笑逗乐、宣泄情感的社会功用有着较为相似的评价。作为人们感性生活的艺术再现,戏曲舞台所表现的"乐"除却以乐观的生活态度积极投身到现世世界,获取人与人、人与自然的和谐相处,还隐含着以逗乐的消解方式,展现出对人生苦难的自嘲、命运悲离的宣泄;戏曲舞台以虚拟的时空及夸张的人物扮饰在营造一个可供民众集体宣泄的途径,在这里"乐天"与"悯人"、欢乐与苦难融会成观演活动,并在观演互动及虚拟造型中得到心灵的净化及情感的释放。正如钱穆对戏剧所作出的评论:"戏台无布景,只是一个空荡荡的世界,锣鼓声则表示在此世界中之一片喧嚷。有时表示得悲怆凄咽,有时表示得欢乐和谐。这正是一个人生背景,把人生情调即在一片锣鼓喧嚷中象征表出……因此,中国戏的演出可说是在空荡荡的舞台上,在一片喧嚷声中作表现。这正是人生之大共相,不仅有甚深诗意,亦复有甚深哲理,使人沉浸其中,有此感而无此觉,忘乎其所宜忘,而得乎其所愿得。"①这种在特定时节所进行的戏曲演出,色彩不仅极大增强了视觉感官的刺激,有效激发了受众群体的情感体验,同时丰富了人物扮饰的意象内涵,引导人们进入超越现实的虚幻之境,给受众现实苦难的心灵以补偿与精神慰藉。此外,色彩扮饰不只是市井民众乐天悯人的集体娱乐,在文人参与的演剧以及宫廷演剧中,更是文人雅致与宫廷好恶的审美表达,给戏曲舞台的视觉传达增添了些许新质。

明代李开先《词谑》载:

副净:粉嘴又胡腮,墨和朱脸上排,戏衫加上香罗带。破芦席慢躧,皮爬掌紧摆,磕爪不离天灵盖,打歪歪,挣科撒诨,笑口一齐开。②

《明史·舆服志》载宫廷歌舞演出:

武舞,曰《平定天下之舞》。舞士皆黄金束发冠,紫丝缨,青罗生色画舞鹤花样窄袖衫,白生绢衬衫,锦领、红罗销金大袖罩袍,红罗销金裙,皂生色画花缘襈,白罗销金汗裤,蓝青罗销金缘,红绢拥项,红结子,红绢束腰,涂金束带,青丝大绦,锦臂鞲,绿云头皂靴。舞师,黄金束发冠,紫丝缨,青罗大袖衫,白绢衬衫,锦领,涂金束带,绿云头皂靴。

文舞,曰《车书会同之舞》。舞士皆黑光描金方山冠,青丝缨,红罗大袖衫,红生绢衬衫,锦领,红罗拥项,红结子,涂金束带,白绢大口裤,白绢袜,茶褐鞋。舞师冠服与舞士同,惟大袖衫用青罗,不用红罗拥项、红结子。③

清代宫廷造办处记载雍正皇帝对戏衣制作的要求:

---

① 钱穆:《中国京剧中之文学意味》,载中国戏曲研究院编《中国文学讲演集》,巴蜀书社,1987,第128页。
② 李开先:《词谑》,载中国戏曲研究院编《中国古典戏曲论著集成》(三),中国戏剧出版社,1959,第282页。
③ 张廷玉:《明史》卷六十七,中华书局,1974,第1651页。

太监施良栋传旨,韩湘子青色绣衣另换做香色,铁拐李青色绣衣换成石青色。俱照此花样、尺寸往细致里绣做八件,其衣上绣花要往好里改绣,先画一身样呈览,准时再做。①

清代贝青乔《演春台》诗歌中曾描述吴县村民于仲春时节迎神赛会、搭台演戏的情景:

前村佛会歇还未,后村又唱春台戏。
敛钱里正先订期,邀得梨园自城至。
红男绿女杂沓来,万头攒动环当台。
台上伶人妙歌舞,台下欢声潮压浦。
脚底不知谁氏田,菜踏作斋禾作土。
梨园唱罢斜阳天,妇稚归话村庄前。
今年此乐胜去年,里正夜半来索钱。
东家五百西家千,明朝灶突寒无烟。②

上述文献可以看出,在戏曲舞美相对成熟的明清时期,色彩扮饰在演出活动中有着重要作用。从面部化妆到砌末道具、服装扮饰,从宫廷演出到民间赛社,色彩以高明度、强对比的特征极大地强化着人物造型及视觉感知,加之锣鼓乐曲、人群喧嚣,使得整个戏曲成为凝聚极大"喜感"的视听盛宴。古代社会人们以封闭固守的生活方式面对着各自家庭的不幸,承担着生命过程的痛楚。在四季交替、寒来暑往的劳作中不得安闲,只有在岁令时节的重大节庆方能在戏曲观演中获取身心的释放与情感的宣泄。戏曲演出与宗教庆典相融合的节日演出,不仅让广大受众群体从同一个舞台获得相似的情感体验,同时让夸张的色彩扮饰与舞台幻境为每一个观赏者提供心灵释放的途径。如同德国戏剧理论家伽达默尔所言:"它(戏剧)在舞台表演中隐含了向社会生活的真正的伦理形式的过渡。这种道德超越使观者回复到他的存在的最深处。他不再像宗教或世俗庆典的参与者那样作为参与者,他仅仅是一个观者,并且这一点被他面前的舞台表演的特殊形式反映出来:在黑暗中,孤独的观者从舞台上听到了道德超越的呼唤。"③这种超越使得在演出过程中的戏曲挣脱宗教仪式的藩篱获得独立的艺术品格,同时也让受众群体在审美联想及二度创作中获得灵魂的安放与情感的释然。

二、趋吉避凶的色彩禁忌

人类在满足最基本最初始的生理需求之后便是对个体生命安全的忧虑,面对变幻莫测的自然世界、生老病死的身心痛楚,先民急切地寻求某种精神支柱与神灵护佑,趋吉避

---

① 丁汝芹:《清代内廷演戏史话》,紫禁城出版社,1999,第134页。
② 转引自赵山林:《中国戏曲观众学》,华东师范大学出版社,1990,第17页。
③ 汉斯·格奥尔格·伽达默尔:《戏剧的节日特性》,载邓安庆译《伽达默尔集》,上海远东出版社,2003,第550—551页。

凶的心理与图腾崇拜的信仰在初始阶段便融合在一起。图腾作为氏族部落的庇护神,其色彩文饰不仅成为部落成员的主要标识,而且也是获取趋吉避凶功能的重要载体。伴随着社会的发展,当色彩从图腾实物的本体中抽离出来并具备独立的约定意义时,此时色彩所隐含的趋吉避凶的附加功能便作用于日常生活的各个方面,甚至是诸多祭祀仪礼与艺术样式。趋吉避祸是民众对天灾人祸、神灵鬼怪的一种普世信仰,民众希望通过某种文饰或者色彩获得超越自然的力量。

《礼记·王制》载:

南方曰蛮,雕题交趾,有不火食者矣。①

汉代刘安《淮南子·原道训》载:

陆事寡而水事众。高诱注曰:文身,刻画其体,内默其中,为蛟龙之状,以入水,蛟龙不害也。②

宋代高承《事物纪原》载:

今世俗皆文身作鱼龙、飞仙、神鬼等像,或为花卉文字,旧云起于周太王之子吴太伯,避王季历而之勾吴,断发文身,以象龙子避蛟龙之患。③

上述文献中,"题"意为人的"额",所谓"雕题"便是指在脸上雕青。"文身"则是指在人体任意部位刺上花纹。上述"雕题"与"文身""龙舟鹢首"必合之以颜色,所选择的颜色多为图腾色或者是先民生活最为关注和崇尚的自然色,尤其是上述所提到的"花卉""雕青",这些无不是春色之景的象征。无论是图腾色还是自然色,先民期望通过图腾同化及交感巫术来获取庇佑和实现心愿。根据交感巫术相似率的理解,认为相似的事物可以成为同一事物,也即"同类相生"或果必同因,也就是说通过模仿就能够实现任何想要做的事情。同样,按照接触率的概念,认为接触过的事物是永远相连的事物,它力图以物体的一部分去影响整个物体,或者以曾经接触过的某物体去影响被接触的物体。由此,以交感巫术来进行仿图腾的妆扮、文身及色彩扮饰,不仅能够获取趋吉避凶的神灵护佑,而且能够得到与此相类比的事物以及与此相接触的事物。在远古恶劣的生存环境下,尤其是冬春之交的饥饿与寒冷,成为古代先民生命延续的最大威胁。这使得温暖而又多彩的春天被先民幻化成一种憧憬与向往,而同时与春天相关的"青""红"二色便成为先民崇尚与膜拜的颜色,被优先选择成为趋吉的主色。正如田仲一成先生所言:"可以说'自然'和'祭祀'的关系是每年冬春之交演出一场'死而复活'的'戏剧'这样一种关系。后来人们要求戏剧的内

---

① 《礼记·王制》,载郑玄注,孔颖达正义《礼记正义》卷十二,中华书局,2009,第2896页。
② 《淮南子》卷一,载何宁《淮南子集释》上册,中华书局,1998,第38页。
③ 高承:《事物纪原》卷八,中华书局,1989,第310-311页。

容也应具有这样一伏一起、'死而复活'即克服困苦获得欢乐的一种构成。"① 此外,先民生活在一个对他们而言神秘莫测的天地之间,恐怖的雷声与闪电,洪水与干旱,无不使得先民对天神产生畏惧与崇拜,与之相应的天空的颜色——青色便成为多数部落氏族的保护色和崇尚色,他们希冀通过对天空色彩的模仿来达到控制神秘力量的目的,并为本氏族的成年人雕之以面,以求保护并彰显其力量。"青""红"二色被赋予"趋吉"的内涵,更有避凶的意蕴,而"黑""白"二色则以"凶色"成为人们避之不及的禁忌色与恐怖色,这些除却图腾崇拜的原始思维之外,与古代的丧制仪礼有着不可忽视的内在关联。

《礼记·杂记》载:

三年之丧,言而不语,对而不问,庐、垩室之中,不与人坐焉。②

《礼记·檀弓下》载:

丧礼,哀戚之至也……奠以素器,以生者有哀素之心也。③

《礼记·檀弓上》载:

褚幕丹质。注:以丹布幕为褚,葬覆棺。④

《仪礼·士丧礼》载:

幎目,用缁,方尺二寸,赪里,着组系。⑤

《论语·乡党》载:

羔裘玄冠不以吊。⑥

上述文献中,"垩"为"白涂也","垩室"是四壁用白泥粉刷为服丧者居住的房子;"素"为白色,"丹"为红色,"缁"为黑色,"玄"为青黑色。古代人们总把主宰时空的诸多神灵想象成具有不同颜色的神异之物,认为人间的吉凶祸福多赖神灵之力,且循五行之序。如若免灾得福,则须顺应五行,取悦神灵,同时在色彩选择上与神灵保持一致。故此色彩获得

---

① 田仲一成:《中国祭祀戏剧研究》,布和译,北京大学出版社,2008,第236页。
② 《礼记·杂记下》,载郑玄注,孔颖达正义《礼记正义》卷四十二,中华书局,2009,第3385页。
③ 《礼记·檀弓下》,载郑玄注,孔颖达正义《礼记正义》卷九,中华书局,2009,第2816~2818页。
④ 《礼记·檀弓上》,载郑玄注,孔颖达正义《礼记正义》卷七,中华书局,2009,第2781页。
⑤ 《仪礼·士丧礼》,载郑玄注,贾公彦疏《仪礼注疏》卷三十五,中华书局,2009,第2448页。
⑥ 《论语·乡党》,载何晏注,邢昺疏《论语注疏》卷十,中华书局,2009,第5419页。

了取悦神灵、人神交通的宗教职能和祛灾祈福的巫术意义。这种外在的视觉符号不仅展现出人类原始思维对自然宇宙的感知,同时也将自身的生命意志活动通过色彩传达借以标识。正如黑格尔所言:"人还通过实践的活动来达到为自己(认识自己),因为人有一种冲动,要在直接呈现于他面前的外在事物之中实现他自己,而且就在这实践过程中认识他自己。人通过改变外在事物来达到这个目的,在这些外在事物上面刻下他自己内心生活的烙印,而且发现他自己的性格在这些外在事物中复现了。人这样做,目的在于要以自由人的身份,去消除外在世界的那种顽强的疏远性,在事物的形状中他欣赏的只是他自己的外在现实。"①在戏曲舞台上,尤其是在鬼神戏的人物妆扮及服装扮饰上多选取这些含有趋吉避凶之意的颜色。

宋代孟元老《东京梦华录》载:

又一声爆仗,乐部动《拜新月慢曲》,有面涂青绿,戴面具金睛,饰以豹皮锦绣看带之类,谓之"硬鬼";或执刀斧,或执杵棒之类,作脚步蘸立,为驱捉视听之状。又爆仗一声,有假面长髯展裹绿袍靴简如钟馗像者,傍一人以小锣相招和舞步,谓之"舞判"。②

明代传奇《红梅记·鬼辩》载:

起初但闻人声,如今渐见人形,头上兜红,身上穿青,不知什么妖怪。③

明代叶宪祖《灌将军使酒骂座记》载:

(生扮灌夫上,净做见介)呀! 是那个穿了一身红在俺面前闪一闪。(生下,旦)并没有。(净)想是日光射着绛帐幌在俺眼里来。……(生上,净惊介)分明有个穿红的站在俺的面前。不好了! 不好了! 俺一时间头眩眼跳,肉颤心惊,想是有鬼。(起介,遇生惊介)有鬼! 有鬼!④

上述文献中,鬼魂扮饰的色彩选择以"黑""白""红""青"为主色,这些作为鬼魂造型的色彩文饰,在戏曲舞台上指向了趋吉避凶色彩习俗,使得色彩扮饰的视觉符号将戏曲舞美与民俗文化进行完美的融合。如同于贝斯菲尔德所说:"服装的某一色彩细节,它首先是舞台画面中的一个视觉成分,但它也被纳入色彩的符码化象征,它又是人物服装的一部分,指向比如人物的社会地位或其戏剧功能,它还可以标志其穿着人与另一个也穿这种服

---

① 黑格尔:《美学》第一卷,朱光潜译,商务印书馆,2017,第38—39页。
② 孟元老:《东京梦华录笺注》卷七,中华书局,2006,第687页。
③ 周朝俊:《玉茗堂批评红梅记》卷上,收入《古本戏曲丛刊初集》,商务印书馆,1954,影印本。
④ 叶宪祖:《灌将军使酒骂座记》,载中国戏剧出版社编《元明杂剧》,中国戏剧出版社,1958,第12—13页。

装的人物的纵聚合关系。"①除此之外,这些饱含吉凶之礼的色彩被广泛应用于面部妆扮中,并以此明了善恶与分别美丑。如众所周知的文丑的"小白圆脸",就连丑行中的正面角色也是在脸上抹个白色"豆腐块",更不用说净行中的白脸奸臣曹操、董卓等。净行中的黑面多为耿直忠义之士,如黑脸包公、墨面呼延灼等。

综上所述,岁时节令作为凝聚着民间习俗和传统文化内涵的有效载体,对古代戏曲表演及舞台视觉的营造有着不可或缺的影响。一方面在岁时节令的戏曲演出中,不可避免地融入高台教化及主流意识,展现出以正间色彩明别尊卑秩序、以喜庆明亮色彩建构时空氛围、以观演视觉交融来调动民众情绪,最终形成承载"乐天悯人"的人文关怀和色彩崇尚。另一方面在岁时节令的戏曲演出中,无法摆脱民间风俗和原始信仰的桎梏,表现出以五行相对应的色彩妆扮、以图腾相关联的色彩纹饰、以民间喜好相适应的色彩选择,形成了取悦神灵和趋吉避祸的色彩禁忌。

On the Annual Festivals and the Colors in the Ancient Opera Performance

Yang Lei

Abstract: Annual festival as the strengthening channel of original beliefs and folk customs, not only embodies advocate and taboos of the people agreed in the social life, but also highlights the authority and mainstream of social ideology. Civil ceremony and festival held by annual festivals passes folk taboos and mainstream awareness to the public, and be firm and assertive in subtle. As an important form of traditional high-indoctrination, opera performance is naturally associated with annual festivals, which makes ancient opera stage have a unique charm of color choices in the visual exhibits. Among which, it carries the color advocate of "optimistic culture" and "empathy nature", also shows the color taboo of pleasing the gods and seeking good fortune and avoiding disaster.

Key words: annual festival; opera; colors

---

① 于贝斯菲尔德:《戏剧符号学》,宫宝荣译,中国戏剧出版社,2004,第17—18页。

台湾敬字惜纸文化的现况调查
——五甲协善心德堂（五甲关帝庙）台湾最盛大的"送字纸"活动

施顺生

摘要：高雄市凤山区"五甲协善心德堂"，俗称"五甲关帝庙"，创立于1917年，虽有惜纸亭和"恭送圣文字迹"的"送字纸"活动，但从未被研究敬字亭文化的学者及著作所采访和登录。"协善心德堂"没有亮丽的敬字亭，仅设立了一座临时用的不锈钢圆柱形炉，命名为"惜纸亭"，但每逢农阴（阴历）闰年即举行一次盛大的"恭送圣文字迹"活动。在2014年4月12、13日举行的"恭送圣文字迹"活动，除了由学生扛着内装字纸灰的"恭送圣文字迹"纸箱在五甲地区游行外，还恭请孔子、仓颉、文昌帝君，以及附近庙宇的神祇出巡绕境，以祈求地方仕子智慧增进、金榜题名，最后将字纸灰用渔船送到高雄外海放流。其出巡绕境的盛况冠绝全台，极为特殊，值得加以记录与宣扬。

关键词：台湾敬字惜纸文化；五甲协善心德堂；送字纸

作者简介：施顺生（1967—　　），男，台湾台东人，中国文化大学中国文学系副教授、中国文化大学华语文教学硕士学位学程副教授。

一、前　　言

高雄市凤山区"五甲协善心德堂"，俗称"五甲关帝庙"，创立于1917年，虽有敬字亭和每逢农阴（阴历）闰年（农阴有闰月的那一年，称为闰年。农阴每三年有一个闰月，五年有两个闰月，十九年有七个闰月）即举行一次盛大的"恭送圣文字迹"活动，其盛况冠绝全台，极为特殊，但从未被研究敬字亭文化的学者及著作所采访和登录，实在令人感到意外。而笔者在2014年8月24日意外地在网络上发现有"恭送圣文字迹"活动后，觉得十分惊奇，于是在8月27日亲自到"五甲协善心德堂"采访，采访到经办"恭送圣文字迹"活动的朱丽臻女士，不仅拍摄了从未被发表的"惜纸亭"照片，并约好在一百年堂庆时帮忙撰文介绍此一全台绝无仅有的"恭送圣文字迹"活动。既是第一次面世，又是全台绝无仅有，故笔者当即撰文以分享学界。

此外,笔者也已发表九篇与敬字亭相关的研究论文①,故本文即以"台湾敬字惜纸文化的现况调查——五甲协善心德堂(五甲关帝庙)台湾最盛大的'送字纸'活动"为题,以宣扬"敬字""惜纸""恭送圣文字迹"以及贯彻文圣孔子武圣关公文武兼修的精神等优良传统文化,响应"第六届'黄河学'高层论坛暨'黄河文明与中国道路'国际学术研讨会"之盛大举行。

二、五甲协善心德堂(五甲关帝庙)的历史

五甲协善心德堂(照片01、02)位于高雄市凤山区五甲二路722号。经纬度:北纬22°59′42.01″,东经120°32′93.73″。②

五甲协善心德堂,1917年农历八月郑头、陈有云、陈妈拴三位前辈,依照神明指示代天宣化圣训,在陈有云先生家中后堂创设鸾堂,以红纸金字书写"文衡圣帝"圣号。1920年农历十月迁至草坛,系庄内共建之神坛,并增祀天上圣母。1922年农历二月关圣帝君亲临降笔,择地于今五甲现址,由郑头先生提供土地创立"协善堂",奉祀关圣帝君为主神,附祀诸位恩主。以提倡伦理道德,挽转颓风,宣扬圣道为宗旨。1923年农历三月成立"省身社",宣讲圣谕。1925年增建"心德佛堂"为后殿,主祀观世音菩萨,以度众生为方便法门,持斋守戒,学经参禅,悟道修真,施恩布道,净化人心为宗旨。同年加入佛教先天派。1937年成立"悟贤社",为外经科仪部,即诵经团。1938年成立"善和社",为圣乐团。1961年农历九月改建"协善堂"为砖造,雕塑关圣帝君金尊,并增祀"至圣先师孔夫子"。1962年农历六月由郑荣生先生昆仲将现有堂内土地捐献,并合并"协善堂"与"心德佛堂",成立"财团法人五甲协善心德堂"。1967年农历十一月由堂主郑荣生先生发心改建"心德佛

---

① 1.施顺生:《台湾敬字亭初探》,载许锬辉教授七秩祝寿论文集编辑委员会编《许锬辉教授七秩祝寿论文集》,万卷楼图书股份有限公司,2004,第443—469页。2.施顺生:《台湾敬字惜纸文化之探讨》,《闽台文化交流》2007年第3期,第30—41页。3.施顺生:《台湾地区敬字亭称谓之探讨》,《中国文化大学中文学报》2007年第15期,第117—168页。4.施顺生:《台湾的敬字亭与文笔亭》,《闽台文化交流》2008年第4期,第98—102页。5.施顺生:《台湾宜兰陈姓鉴湖堂及登瀛书院惜字亭》,《闽台文化交流》2010年第2期,第71—78页。6.施顺生:《台北市的敬字亭及其恭送圣迹之仪式》,《中国文化大学中文学报》2012年第24期,第63—98页。7.施顺生:《台湾的文笔亭及其所展现的尊古圣贤、敬字惜纸文化》,浙江工业大学人文学院、中国文化大学中国文学系联合主办"传承与创新:中国语言文学学术研讨会"论文,2013。修改后收入肖瑞峰主编《文澜同声集——"传承与创新:中国语言文学学术研讨会"(2013)论文集》,浙江大学出版社,2014,第15—29页。8.施顺生:《台湾敬字惜纸文化的现况调查——台湾现存敬字亭数量的调查及新增登录10处敬字亭》,收入《首届海峡两岸"汉字文化与书法艺术教育"学术论坛论文集》(北京第二外国语学院主办首届海峡两岸"汉字文化与书法艺术教育"学术论坛),2014,第56—87页。9.施顺生:《台湾敬字惜纸文化的现况调查——台湾最高大的敬字亭,彰化县竹塘乡醒灵宫圣迹亭》,中国文化大学中国文学系、浙江工业大学人文学院合办"第四届发皇华语.涵咏文学——中国文学暨华语文国际学术研讨会"论文,2014。

② 本地点的经纬度:北纬22°59′42.01″,东经120°32′93.73″。可在Google地图输入22.594201、120.329373,即可查看由卫星拍摄的空照图,若转成Google街景则可见此地点实景。

堂",1969年农历十一月安座落成,一楼地藏殿主祀地藏王菩萨,二楼心德佛堂主祀观世音菩萨,三楼大雄宝殿主祀燃灯古佛、释迦牟尼古佛、阿弥陀古佛、弥勒古佛、药师古佛五大尊佛,四楼无极殿主祀瑶池老母,所有佛像多达一千多尊,在当时是全台最壮观的佛堂。1993年农历十二月由郑明祥先生、陈盛修先生发起改建"协善堂",1997年农历六月安座落成,一楼关帝殿主祀关圣帝君,乃是由千年樟木雕刻而成,高4.5米,是全台最大的木雕关圣帝君神像。周仓将军、司命真君(又称灶神、灶君、灶王爷、东厨帝君或张恩主等)、诸葛武侯、关帝圣君、玄天上帝、孚佑帝君、关平太子陪祀(照片03)。二楼至圣殿主祀至圣先师孔子,仓颉先师、文昌帝君陪祀。二楼旁侧并设置小学堂,让民众读书进修。"协善堂"以关公尚武、孔子尚文,贯彻文武兼修的精神。①

"协善堂"乃是奉祀至圣先师孔子、仓颉先师、文昌帝君,以及关圣帝君、孚佑帝君、诸葛武侯、司命真君、玄天上帝"五恩主"的"鸾堂",其宗旨为"以扶鸾恭请神佛鸾台降笔,谕示圣佛道真理,宣化众生,行善行功造德,守人伦道德,修已修身修性,人人和睦相处,使社会安和乐利,并为信众解惑疑难、问事、济世、收惊"②。"心德佛堂"主祀地藏王菩萨、观世音菩萨、燃灯古佛、释迦牟尼古佛、阿弥陀古佛、弥勒古佛、药师古佛、瑶池老母等,其宗旨为"主祀观世音菩萨与众诸佛,以先天方便法门度众生——持斋守戒、学经悟道、参禅修真、净化心灵、修身养性、渡己渡人、普化众生,同升极乐逍遥自在。"③。因此,"协善心德堂"的宗旨教义乃是"以先天道法门阐扬儒、道、释教教义,发扬古有文化伦理道德,造福人群,促进社会安和乐利,代天普化,挽转颓风,并以修己渡人,救度众生为宗旨。以儒家三纲五常为宣化做人的准则,学道家之道配合天地万物自然之修身立命,守释教之戒规修身养性为目标。圣门佛堂藏有无限功德之妙处,同造无量功德,达成大善德之目标,同登圣神仙佛极乐之处,虽牺牲现世,数十年之辛苦,能得达万世逍遥之妙果"④。而"鸾堂"借由"扶鸾"来传达上天神佛给人的讯息,"扶鸾"乃是天人之间沟通的技术:当仙佛"降鸾"降下劝善诗文时,借由"正鸾生"手持"桃笔"在沙盘上写出文字,然后由"唱鸾生"唱出,"记录生"在旁记录,最后由"校正生"负责校正和润饰。这样得到的神谕称作"鸾文",这种仪式叫"降鸾",辅助降鸾的过程称"扶鸾",降鸾和祭祀的地方称"鸾堂"。"鸾文"内容以劝人向善,提倡孝悌忠信、礼义廉耻等伦理道德,指破迷津、启悟人心以挽转颓风,宣扬圣道为宗旨。⑤

"协善堂"并经由"扶鸾"方式著造劝世善书、药书,供民众免费取阅。已著造《苦海南针》善书(1947)、《明道大法真经》课诵本(1948)、《育生金鉴》药书(1949)、《玉律金编》功过

---

① 林六善:《财团法人凤山五甲协善心德堂沿革》,载凤山五甲协善心德堂编《凤山心德佛堂建四十九天祈安清醮专辑——醮刊》,凤山五甲协善心德堂,1971,第16—18页。凤山五甲协善心德堂编《财团法人五甲协善心德堂简介》,凤山五甲协善心德堂,无出版资料。"财团法人五甲协善心德堂(五甲关帝庙)"网站,网址:http://www.goodness.org.tw/html/front/bin/home.phtml,上网日期:2014年10月3日。
② 凤山五甲协善心德堂编《财团法人五甲协善心德堂简介》,凤山五甲协善心德堂。
③ 凤山五甲协善心德堂编《财团法人五甲协善心德堂简介》,凤山五甲协善心德堂。
④ 凤山五甲协善心德堂编《财团法人五甲协善心德堂简介》,凤山五甲协善心德堂。
⑤ 王志宇:《台湾的恩主公信仰——儒宗神教与飞鸾劝化》,文津出版社有限公司,1997。

规律书(1950)、《心中宝》善书(1952)、《明道》劝世善书(1961)、《普度金编》善书(1965)、《凤山心德佛堂建四十九天祈安清醮专辑——醮刊》(1971。内含《大道金篇》《觉世箴言》)《心德真经》课诵本(1973)、《儒宗全篇》善书(1976)。①

三、协善心德堂惜纸亭

1961年9月改建"协善堂"为砖造时即兴建一座"焚字炉",收集邻近各家庭字纸焚化,每三年举行一次"送字纸"活动。(照片04－08)1993年12月由郑明祥先生、陈盛修先生发起再次改建"协善堂"时,"焚字炉"因破损严重而拆除。2007年设立新的"惜纸亭"(照片09),但仅设立一临时用的圆柱形不锈钢炉于正殿右前方,下有脚架,上有烟囱,正面有两个烧字纸的炉口,两炉口下方有一个清灰口,两炉口上方门额书"惜纸亭"三字,但字迹已经模糊无法辨识,拜访管理员后确认是"惜纸亭"。此亭至今仍可焚烧字纸。

四、"三圣开窍"仪式

协善心德堂从2007年起每逢农阴(阴历)闰年便举行一次盛大的"恭送圣文字迹"活动,即"送字纸"活动,但在送字纸的前一个星期,协善心德堂还为学子举行"三圣开窍"的仪式,恭请至圣先师孔子、仓颉先师、文昌帝君降鸾进行"开窍"仪式,由正鸾生用朱笔在学子额头点上朱砂,象征开启学子智慧之门。其详情如下②:

(一)主题名称

三圣开窍、鸾笔栅世风。

(二)时间

2014年4月12、13日(农历三月十三、十四日)。主要安排在"恭送圣文字迹"活动前一星期的假日。

(三)程序

1. 现场参加人员须先填写本命一张、祈福卡一张,购买一份改运金纸,当天视人数分批进行。

2. 于一楼大边左楼梯设为"入相楼",小边右楼梯为"出将梯",在一楼大殿过完七星炉火后依序由"入相楼"上二楼到"至圣殿"。

3. 恭请至圣殿三圣哲——至圣先师孔子、仓颉先师、文昌帝君,降鸾进行"开窍"仪式(照片10)。由当天降鸾的圣哲主持"开窍"仪式,担任"主点官",并借由正鸾生用朱笔在七百多名学生额头点上朱砂(照片11),象征开启智慧之门。此外,再恭请另一圣哲降鸾

---

① 林六善:《财团法人凤山五甲协善心德堂沿革》,载凤山五甲协善心德堂编《凤山心德佛堂建四十九天祈安清醮专辑——醮刊》,第17页。凤山五甲协善心德堂编《财团法人五甲协善心德堂简介》。"财团法人五甲协善心德堂(五甲关帝庙)"网站,网址:http://www.goodness.org.tw/html/front/bin/ptlist.phtml?Category=167713,上网日期:2014年10月3日。

② 凤山五甲协善心德堂:《财团法人高雄市五甲协善心德堂关帝庙 甲午科 敬惜字纸——遵行传统技艺儒沐五甲绕境游行 活动办法》,协善心德堂提供。凤山五甲协善心德堂"103甲午科敬惜字纸绕境影片",youtube网站题名作"高雄五甲关帝庙(协善心德堂)",下载网址:https://www.youtube.com/watch?v=LrNPMutuwRY,下载日期:2014年9月24日。

开笔赐诗给予"主点官"所点有缘学子,以学子姓名作藏头诗加以勉励,并祝福考场顺利。

4. 完毕后将本命及金纸放入桶中,之后于金炉中烧化。另将祈福卡放置仓颉先师旁的木架子上。

5. 在楼梯口摘下一根葱(音同"聪"),让学子带着"聪"明智慧,下楼走出"出将门",即完成本次程序。

四、"恭送圣文字迹"活动

协善心德堂每逢农阴(阴历)闰年即举行一次盛大的"恭送圣文字迹"活动,即"送字纸"活动,将字纸灰用渔船送至高雄外海放流。2014年4月12、13日举办的"恭送圣文字迹"活动,命名为"财团法人高雄市五甲协善心德堂关帝庙 甲午科 敬惜字纸——遵行传统技艺儒沐五甲绕境游行"。除了由学生扛着内装字纸灰的"恭送圣文字迹"纸箱在五甲地区游行外,还恭请至圣先师孔子、仓颉先师、文昌帝君三圣哲,以及附近庙宇的神祇出巡绕境,以祈求地方仕子智慧增进、金榜题名。最后将字纸灰用渔船送到高雄外海放流。协善心德堂"恭送圣文字迹"的"送字纸"活动,其出巡绕境的盛大情况冠绝全台,极为特殊。详情如下①:

(一)主题名称

敬惜字纸,儒沐凤山城五甲区。

(二)时间

2014年4月19、20日(农历三月二十、二十一日)。每逢农阴(阴历)闰年即举行一次盛大的"恭送圣文字迹"活动,时间以三圣哲诞辰日前后的假日,日期由三圣哲降鸾指示。

(三)参与的寺庙、宗祠

协善心德堂、龙成宫(又称五甲庙)、顺南宫、明天宫、凤山寺、宏清宫(杨厝宗祠、杨家祖祠堂)、悟成堂、五甲妈祖会(又称高雄县五甲妈祖慈善会)、振天坛、郭厝宗祠(皇奉堂)。

(四)参与的学校

福诚高中、五甲国中、福诚小学、五甲小学、五福小学、南成小学。

(五)参与的里办公室

镇南里、天兴里、龙成里、福兴里、大德里、五甲里、福祥里、南成里、南和里、福诚里、善美里、富甲里、富荣里等里办公室。

(六)程序

1. 恭请三圣哲降临主点仪式:活动当天举行祈福化吉仪式,恭请协善心德堂三圣哲降临主点仪式。

2. "晋爵加官"将字纸灰打包成箱:随即将字纸灰由市长、"立法委员"、区长、议员、协

---

① 凤山五甲协善心德堂:《财团法人高雄市五甲协善心德堂关帝庙 甲午科 敬惜字纸——遵行传统技艺儒沐五甲绕境游行 活动办法》,协善心德堂提供。凤山五甲协善心德堂《103甲午科敬惜字纸绕境影片》,youtube网站题名作"高雄五甲关帝庙(协善心德堂)",下载网址:https://www.youtube.com/watch? v=LrNPMutuwRY,下载日期:2014年9月24日。

善心德堂董事长及各宫庙主任委员,将"烬掘"(音同"晋爵")字纸灰舀入纸灰箱(照片12),"加关"(音同"加官")封条(照片13),打包成箱,而纸灰箱外都贴有"恭送圣文字迹"(照片14)。

3. 倡导"敬惜字纸"的优良传统文化:透过倡导让"敬惜字纸"深植每个人的生活里,并使社区民众了解文字是圣人智能的符号、文化财产。纸和文字不仅是文明的象征,亦是圣哲遗教的传承记载,俾使民众有多一层认知,吸引乡亲民众来参加活动。

4. 出巡绕境:恭请至圣先师孔子、仓颉先师、文昌帝君三圣哲出巡绕境,队伍最前头是由手持"协善心德堂"三角旌旗、垂幅式旌旗、四角旗帜者开道(照片15),接着是"协善心德堂"董事长及相关主办人员,之后是详列各主办单位名称及"合香绕境平安"的红色横条幅、宫灯、香炉、"协善心德堂"圣乐团。再者有手持至圣先师、仓颉先师、文昌帝君、孔门"四配"复圣颜回、宗圣曾参、述圣孔伋、亚圣孟轲等木牌的队伍,象征三圣哲及孔门"四配"①出巡绕境(照片16)。之后有手持"十二哲"②画像的队伍(照片17),又有由72位青年学生身穿儒生衣服,象征孔子72弟子,肩扛"恭送圣文字迹"字纸灰箱(照片18)。2014年甚至有一位65岁黄老先生(照片19)报名担任儒生,已退休的黄老先生常参与宗教修行与文化活动,小时候父亲即教诲要珍惜文字,刚好听闻征选儒生的讯息,于是主动争取参与,亲身体验传统敬字礼俗。③ 之后则有各宫庙锣鼓队、乩童、凉伞、神轿④、醒狮团、大型神偶、电音三太子等出巡绕境。此外,为了将传统优良文化传承给下一代,并展现社区学校教育成果,及共同参与社区营造,还邀请五甲地区中、小学社团,如舞狮、扯铃、街舞、直排轮、跆拳道等社团参与游行,于道路定点或宫庙门口表演,展现年轻学子的健康活力。所有参与人员上千人,队伍依次出发,全程步行,在五甲地区游行。

5. 绕境路线:五甲三路→右转五福一路→左转自强一路119巷→林森路→天兴里办公处→顺南宫→林森路→鼎元宫→左转三商街(来旺彩券行)→左转南光街→右转自强一路→自强二路→右转镇南街→右转永和街→明天宫→龙成路34巷→凤山寺→左转南成街→左转镇南街→郭厝宗祠→右转龙成路→右转南正二路→右转永安街→宏清宫(杨厝宗祠)→右转南正二路→右转五甲二路→协善心德堂→恭送天上圣母回龙成宫。

6. 设置"四配""十二哲"香案供民众膜拜:与五甲地区十三个里办公室合作,将五甲地区分成十三个点设置"四配""十二哲"香案(照片20-21),供学子和民众上香祈福。并将学子《求智慧功名文疏》化吉后,将疏灰收集入疏灰箱,随绕境队伍共同参与绕境游行。

7. 民众备香案祭拜:民众在住宅门口或路边敬备香案祭拜者,供品应以包子、粽子

---

① "四配"是指复圣颜回、宗圣曾参、述圣孔伋、亚圣孟轲。
② "十二哲"是孔子十位在德行、言语、政事、文学方面优秀的弟子,再加上弟子子张和宋代的朱熹。《论语·先进》:"子曰:'从我于陈蔡者,皆不及门也。'德行:颜渊、闵子骞、冉伯牛、仲弓。言语:宰我、子贡。政事:冉有、季路。文学:子游、子夏。"其中颜回字子渊,即颜渊。
③ 王荣祥:《送字纸 老儒生破例扛字灰》,2014年4月18日《自由时报》电子报,网址:http://news.ltn.com.tw/news/local/paper/576475,上网日期:2014年10月12日。
④ 各宫庙神轿:协善心德堂:文衡圣帝、观世音菩萨;龙成宫(又称五甲庙):天上圣母、清水祖师;顺南宫:陈奶夫人(又称陈乃夫人、顺天圣母、临水夫人、陈靖姑);明天宫:黑面济公;凤山寺:广泽尊王;宏清宫:清水祖师;悟成堂:福德正神。共七大神轿,两小轿。

("包粽"音近"包中")、葱(音同"聪")、水果等为主供,协善心德堂则以智慧笔为回礼。而各宫庙神轿绕境游行时,许多虔诚信徒甚至会成列跪拜在地上,让神轿从头顶上扛过,即俗称"钻轿底"的形式以祈求平安。(照片22)

8. 绕境活动圆满成功,回协善心德堂恭送圣驾。

9. 恭送圣迹至外海放流:第二天上午先至协善心德堂报到,然后至龙成宫参拜、集合,并于五甲三路福诚高中前上车,所有人员搭乘三十几部游览车,神轿则由货车搭载,到高雄港旗津岸边,由协善心德堂诵经团进行诵经仪式(照片23),并念诵《奉佛恭送仓圣史皇上帝圣文字迹解消劫运祈降吉祥文疏》(照片24),之后焚化。并于旗津岸边风车公园恭送圣迹回水府,将字纸灰袋一袋一袋传送至渔船上(照片25—26),渔船将字纸灰袋运到高雄外海,一袋袋拆开撒灰放流(照片27—28),恭送字纸灰回归水府。相传孔子为水精转世,所以烧完字纸后要择时送字纸灰回水府,以示隆重。回程先至旗津朝龙宫参拜,并在旗津中洲渔港午餐,再到旗津慈善堂参拜,然后乘车回协善心德堂,恭请三圣哲圣驾安座等仪式后,"恭送圣文字迹"的"送字纸"活动至此圆满成功。

五、协善心德堂"恭送圣文字迹"的特点

台湾目前现存敬字亭的数量共有129处130座,若再加上福建省金门县金城镇浯江书院敬字亭的1座,共130处131座。[①] 但仍保有"恭送圣迹"送字纸仪式的可说是屈指可数,仅有6处:桃园县龙潭乡龙潭圣迹亭、彰化县竹塘乡醒灵宫圣迹亭、高雄市美浓区广善堂圣迹亭、高雄市六龟区劝善堂惜字亭、高雄市梓官区善化堂惜字塔以及高雄市凤山区五甲协善心德堂(五甲关帝庙)惜纸亭。但高雄市梓官区善化堂惜字塔不仅于2009年4月15日(农历三月二十日)起停止焚烧字纸,且将惜字塔改作金炉,更在2014年4月26日举行海抛字纸灰后,因顾及环保问题,且已无字纸灰,所以不再举行送字纸仪式。所以,目前仍保有"恭送圣迹"送字纸仪式的仅存5处。

130处敬字亭中仅存5处保有"恭送圣迹"的送字纸仪式,已经是极为难得。协善心德堂的送字纸仪式更具有以下特点:

(一)送字纸出巡绕境的盛况冠绝全台

一般送字纸仪式,只是由敬字亭所在地的宫庙团体,以步行、车载方式直接送至河边放流(如龙潭圣迹亭、醒灵宫圣迹亭、广善堂圣迹亭、劝善堂惜字亭),或到海边后再搭船海抛(如善化堂惜字塔)。只有协善心德堂的送字纸仪式,除了恭请孔子、仓颉、文昌帝君三圣哲出巡绕境,还有孔门"四配""十二哲"。又有由72位青年学生身穿儒生衣服,象征孔子72弟子,肩扛"恭送圣文字迹"字纸灰箱。之后又有各宫庙锣鼓队、乩童、凉伞、神轿、醒狮团、大型神偶、电音三太子等出巡绕境。此外,还邀请五甲地区中、小学社团,如舞狮、扯

[①] 施顺生:《台湾敬字惜纸文化的现况调查——台湾现存敬字亭数量的调查及新增登录10处敬字亭》,载《首届海峡两岸"汉字文化与书法艺术教育"学术论坛论文集》(北京第二外国语学院主办"首届海峡两岸'汉字文化与书法艺术教育'学术论坛",2014年10月18日,北京第二外国语学院),第56—87页。

铃、街舞、直排轮、跆拳道等社团参与游行。所有队伍依次出发,全程步行,在五甲地区绕境游行。所以,协善心德堂送字纸出巡绕境的盛况,冠绝全台。

(二)结合寺庙学校里办公室,让优良文化迅速扩大且深植人心

协善心德堂的送字纸仪式,结合10处寺庙宗祠、6所高中国中小学、13处里办公室,如此大规模的合办送字纸仪式,更能将优良的敬字惜纸文化透过宗教、学校教育、社区行政系统,不仅扩大参与人数,也能深植于人心。不然,在现代繁忙的社会中没有参与感,再好的文化活动也是他人的事;有参与感,好的文化活动就是自己的事,自己也是文化人。所以,协善心德堂的送字纸仪式结合寺庙、学校、里办公室,让优良文化迅速扩大且深植人心。

(三)全台唯一设置"四配""十二哲"香案供民众膜拜

协善心德堂的送字纸仪式,与五甲地区十三个里办公室合作,将五甲地区分成十三个点,设置"四配""十二哲"香案供民众和学子上香祈福。这是其他地点的送字纸仪式所没有的。所以,协善心德堂的送字纸仪式,设置"四配""十二哲"香案供民众膜拜,也是全台唯一。

(四)全台仅存一处送字纸到海上放流的仪式

协善心德堂的送字纸仪式,是全台仅存一处送字纸到海上放流的仪式,更加弥足珍贵。

六、结　　语

协善心德堂创立于1917年,虽有"惜纸亭"和"恭送圣文字迹"的"送字纸"活动,但从未被研究敬字亭文化的学者及著作所采访和登录。虽然没有亮丽的敬字亭,但每逢农阴(阴历)闰年即举行一次盛大的"恭送圣文字迹"活动。协善心德堂的送字纸仪式,不仅送字纸出巡绕境的盛况冠绝全台,又结合寺庙、学校、里办公室,让优良文化迅速扩大且深植人心,而且是全台唯一设置"四配""十二哲"香案供民众膜拜,更是全台仅存一处送字纸到海上放流的仪式。相信在历任堂主前辈和现任堂主郑明祥先生、住持郑荣生先生、董事长郑明达先生的主持和大力推广下,敬字惜纸的优良传统文化必定会更加发扬光大,更加深植于人心。

(本文的完成,要感谢协善心德堂的堂主郑明祥先生、朱丽臻女士、苏小萍女士,三位提供了许多资料、照片和意见。还有逢甲大学历史与文物管理研究所王志宇教授也提供了有关鸾堂的宝贵意见,附记于此以志感谢。)

 01.高雄市凤山区五甲协善心德堂（五甲关帝庙）。（施顺生拍摄）	 02.高雄市凤山区五甲协善心德堂（五甲关帝庙）：协善堂。（施顺生拍摄）
 03.左起：周仓将军、司命真君、诸葛武侯、关圣帝君、玄天上帝、孚佑帝君、关平太子。（施顺生拍摄）	 04.西元1971年举行"送字纸"活动。（协善心德堂提供照片）
 05.西元1971年举行"送字纸"活动。（协善心德堂提供照片）	 06.西元1971年举行"送字纸"活动。（协善心德堂提供照片）
 07.西元1971年举行"送字纸"活动。（协善心德堂提供照片）	 08.西元1971年举行"送字纸"活动。（协善心德堂提供照片）

 09.高雄市凤山区五甲协善心德堂(五甲关帝庙)惜纸亭。(施顺生拍摄)	 10.降鸾进行"开窍"仪式。(协善心德堂提供照片)
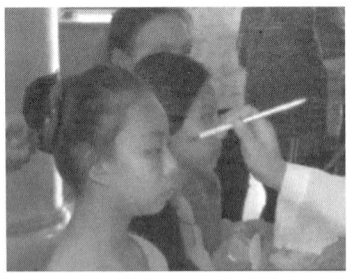 11.点上朱砂。(协善心德堂提供照片)	 12.将"烬掘"(音同"晋爵")字纸灰舀入纸灰箱。(协善心德堂提供照片)
 13.在纸灰箱上"加关"(音同"加官")封条。(协善心德堂提供照片)	 14."烬掘"(音同晋爵)"加关"(音同"加官")后的"恭送圣文字迹"纸灰箱。(协善心德堂提供照片)
 15."恭送圣文字迹"的送字纸活动:绕境游行队伍出发。(协善心德堂提供照片)	 16.手持至圣先师、仓颉先师、文昌帝君等木牌,象征三圣哲出巡绕境。(协善心德堂提供照片)

 17.手持"四配""十二哲"画像的队伍。(协善心德堂提供照片)	 18.由72位儒生扛"恭送圣文字迹"纸箱游行,内装字纸灰。(协善心德堂提供照片)
 19.65岁黄姓老先生(左列第二位,扛竹竿后端者)担任儒生。(引自王荣祥《送字纸老儒生破例扛字灰》,2014年4月18日《自由时报》电子报,http://news.ltn.com.tw/news/local/paper/576475)	 20."四配""十二哲"香案。(协善心德堂提供照片)
 21."四配""十二哲"香案。(协善心德堂提供照片)	 22.宫庙扛神轿绕境游行,信徒则钻轿底以祈求平安。(协善心德堂提供照片)

23.协善心德堂诵经团在旗津岸边举行诵经仪式。（协善心德堂提供照片）	24.念诵《奉佛恭送仓圣史皇上帝圣文字迹解消劫运祈降吉祥文疏》。（协善心德堂提供照片）

25."恭送圣文字迹"的送字纸活动：将字纸灰袋一袋一袋传上渔船。（协善心德堂提供照片）	26."恭送圣文字迹"的送字纸活动：将字纸灰袋一袋一袋传上渔船。（协善心德堂提供照片）

27."恭送圣文字迹"的送字纸活动：将字纸灰袋运到外海后一袋袋拆开撒灰放流。（协善心德堂提供照片）	28."恭送圣文字迹"的送字纸活动：将字纸灰袋运到外海后一袋袋拆开撒灰放流。（协善心德堂提供照片）

The Search of the Culture to Cherish Paper and Words in Taiwan
——Base on the Biggest Ceremony of Sending Paper Ash in Taiwan Wujia Xieshan Xinde Tang(Wujia Guandi Temple)

Shi Shunsheng

Abstract: Wujia XieShan Xinde Tang, called "Wujia Guandi Temple" was build in 1917 in Kaohsiung City, Fengshan District. Although they have cherish-paper pavilions and the ceremony of sending word paper like "celebrating holy miracles", they have never been interviewed by scholars who are making a study of the culture of respect-words pavilions. "Wujia Guandi Temple" doesn't have gorgeous respect-words pavilion, and there only has one stainless steel cylindrical furnace called respect-words pavilion for temporary use. Every lunar leap year will hold a grand event of celebrating holy miracles. In 2014, the event was held on April 12 and 13. Students will carry card-board box with paper ashes of celebrating holy miracles to parade in Wujia District, they will respectfully invite Confucius, Cang Jie, God of Literature and the vicinity of the temple of gods to tour around the border to pray to promote the wisdom and wish one's name was put on the published list of successful candidates. Finally word paper ashes will be sent to Kaohsiung off the coast with a fishing boat to transport. The grand touring is very special in Taiwan and it deserves to be recorded and aired.

Key words: culture to cherish paper and words in Taiwan; Wujia Xieshan Xinde Tang; sending word paper

民俗学田野研究的思考[*]
——由开封朱仙镇木版年画行业术语谈起

邵卉芳　郭泰运

摘要: 开封朱仙镇木版年画的研究成果非常丰富,涉及其起源、发展历程、艺术特色、制作技艺、画面内容、使用和销售习俗、"非遗"申报、传承保护及现代变异等。但对其行业术语的研究,难免有值得商榷之处。与田野作业中获取的第一手资料相对照,对前人行业术语知识的讹误进行概括,借此引发民俗学田野研究的思考,强调民俗学研究中学术伦理道德的重要性。

关键词: 开封朱仙镇木版年画;行业术语;田野作业;学术伦理道德

作者简介: 邵卉芳(1984—),女,河南省柘城人,民俗学博士,西藏民族大学民族研究院副教授。郭泰运(1925—),男,河南开封人,国家级非物质文化遗产朱仙镇木版年画代表性传承人。

一、引　言

二十三祭灶官,二十四扫房子,二十五拐豆腐,二十六蒸馒头,二十七杀个鸡,二十八杀个鸭,二十九去打酒,三十贴门旗儿,初一撅着尾①巴去作揖。

这是一首在豫东地区流传甚广的民谣,民谣中把民间准备年货时的繁忙与过年的热闹气氛详细地再现了出来,其中的"祭灶官"和"贴门旗儿"说的就与年画有关。学界对开封朱仙镇木版年画的历史地位可谓推崇备至,诸如"年画鼻祖"的说法比比皆是。的确,开封朱仙镇木版年画在我国木版年画史上的作用举足轻重,正因为如此,其吸引了一大批来自国内外美术学、民俗学、历史学、设计艺术等不同学科学者的关注。近年来,研究成果非常丰富,涉及开封朱仙镇木版年画的起源、发展历程、艺术特色、制作技艺、画面内容、使用和销售习俗、"非遗"申报、传承保护及现代变异等。诚然,上述研究中早有行业术语的论及,但由于主客观的原因,开封朱仙镇木版年画行业术语的论述,难免有值得商榷之处。

---

* 本文为西藏民族大学"青年学人培育计划"资助项目"木版年画技艺传承与民族文化记忆研究"(15MYQP03)、2017年西藏民族大学教学改革一般项目"民族文化遗产保护与规划实践教学研究"(2017344)、2017年西藏自治区高等学校优秀教学团队"民族学教学团队"项目成果。

① "尾",豫东方言读作 yī。

鉴于此,笔者根据田野作业获得的木版年画行业术语资料,与已有研究展开对话,对其中的错误进行订正,希望引起相关研究者的思考。

天津大学出版社于2010年1月出版了王小明的《朱仙镇年画 郭泰运 尹国全》一书,该书属于冯骥才主编的"中国木版年画传承人口述史丛书"系列,涵盖面比较广泛,涉及地方风俗、艺人学艺史和生活史、木版年画艺术特色、工艺流程、制作工具和材料、年画的销售、传承机制等方面,为木版年画的进一步研究提供了不可多得的重要资料,不过客观地来讲,该书在个人生活史方面的关注不够深入。另外,当笔者在开封和朱仙镇做了田野作业之后发现,书中有些内容与老艺人的讲述不完全一致。① 为了让其他研究者更客观地认识和思考,笔者决定把其中一些有出入的内容在此列举出来,供大家参考。对此,笔者特别声明:写该文秉持"对事不对人"的原则,目的不在于批评什么人,而是要提醒广大研究者在以后的研究和写作中要认真核对事实,时刻遵守学术伦理道德,这是民俗学者的职业操守所在。

二、"大家儿"与"大间儿"

开封朱仙镇木版年画国家级代表性传承人郭泰运经常说"俺'云记'这样的大家儿"如何如何的话,"大家儿"是指规模比较大的门神店,"小家儿"则指规模较小的门神店,这种说法在笔者与郭泰运的访谈录音中经常出现。且"大家儿"的说法在现有开封朱仙镇木版年画研究中基本达成共识,为不少研究者所使用。而在《朱仙镇年画 郭泰运 尹国全》中则使用了"大间儿"和"小间儿"②的说法,之所以出现这个错误,笔者认为其直接原因很可能是对方言的听觉模糊导致的,但根本原因却是对传承人的话语没有完全理解造成的。在历时数月的田野调查中,笔者深知开封和朱仙镇民众及木版年画艺人在平时的交谈中多使用儿化音,"大家儿"就是木版年画行业术语中重要的一个。"家"字的拼音为"jiā","间"的拼音为"jiān",两个字的声母和介母都相同,区别仅仅在于前者的韵母是"ā",后者的韵母是"ān",《朱仙镇年画 郭泰运 尹国全》的作者可能对开封方言不甚熟悉,故将"jiā"听成了"jiān",表面上看仅增添了前鼻音而已,但却使整个短语的含义发生了翻天覆地的变化。这对笔者的启发是:当遇到被访谈人说话较快或不太清楚的情况时,访谈者不妨再追问一遍,或者是事后再对此事发问,或者干脆请他写出来。③ 在与郭泰运的交谈中,笔者多次把自己理解的术语用笔写下来给他看,多数时候是能够得到满意答复的。这里需要指出的是,尽管郭泰运自己多次在媒体等公众场合说自己是个大文盲,但事实上,他不是传统意义上的文盲,因为他幼时曾读私塾,后来在门神作坊当学徒时曾跟着店里的账房先生学习写字和珠算等。

---

① 笔者认为,这种"不一致性",也许是笔者的访谈失误造成的,也许是之前的研究者造成的。
② 王小明:《朱仙镇年画 郭泰运 尹国全》,天津大学出版社,2010年,第14页。
③ "写"的方法对于识字的被访谈人较为适合。

三、"徒弟徒弟,三年奴隶"与"徒弟徒弟,三年努力"

郭泰运经常挂在嘴边的一句话是"徒弟徒弟,三年奴隶",用来表达旧社会里学徒的艰辛,但在《朱仙镇年画 郭泰运 尹国全》中被写成了"徒弟徒弟,三年努力"[1],两字之别却使含义发生了巨大变化。把"奴隶"写成了"努力",虽然表面上是受到了汉语同音词的误导,但是按照当地年画研究者的话来说,这是完全没有领会郭泰运的前言后语所造成的错误,老林[2]说"郭泰运在说到这句话时,一定有上下文的联系,多数是会举例说明的"。笔者比较赞同这位当地年画研究者的看法,因为在笔者与郭泰运的长期接触中发现,老人家十分善于"讲述",他很清楚提问者的意图,他也很会举例子来说明问题,他常说的一句话是"比方话……"[3]。并且郭泰运向笔者讲"徒弟徒弟,三年奴隶"这一短语时,多次提到一年的徒弟干的基本上是打打水、扫扫地、给师傅们提提夜壶等杂活儿,老人说这些旨在证明当学徒的艰辛,在他看来,这种艰辛甚至可以用"奴隶"来作比喻。从表面上来看,这固然是听觉模糊造成的,但笔者认为这种错误完全可以避免。在做田野调查时,对一些生疏词汇的出现,要打破砂锅问到底搞清楚其真实含义,不能囿于惯常的思维模式而故步自封,要对田野民俗文化的"陌生化现象"显得敏感才是。当然,如何将陌生的文化现象变得熟悉,再将熟悉的文化现象变得陌生,这将是民俗学田野研究的另外话题,此处不做赘述。

四、《风筝误》与《冯成武》

还有一个错误曾经使笔者许久都丈二和尚摸不着头脑,那就是《朱仙镇年画 郭泰运 尹国全》作者所谓的传统年画《冯成武》。关于这个名称,笔者查阅大量资料,也找不见任何蛛丝马迹,咨询多位木版年画老艺人,他们竟不约而同地说"不知道""没听说过"。后来笔者又专门跑到开封市博物馆年画室找到当时已89岁高龄的郭泰运老先生,他刚一看到"冯成武"这个名字也很纳闷,老人说:"冯成武?我没有说过,我不知道啊!"思索一会儿之后老人猛然一拍桌子,用标准的开封话说:"咦!是'风筝误'吧!是'风筝误',他写成了'冯成武'"。也就是在那一刻,萦绕在笔者心头许久的疑问才被解答,多么相似的读音,差之毫厘谬以千里!开封方言区所属的豫东方言,把普通话中本为阴平的"fēng"(五度标记法调值为55),读为近似阳平的"féng"(调值35),因此,开封话"风"字的读音就与普通话"冯"字的读音极为相似。而"筝"字与"成"字的拼音"zhēng"与"chéng"在声母上存在差异,"误"的拼音"wù"(调值51)与"武"的拼音"wǔ"(调值215)仅仅在声调上有区别。这也难怪《朱仙镇年画 郭泰运 尹国全》作者会将"风筝误"与"冯成武"搞混。其实,如果对《风筝误》这一明代传奇故事稍有耳闻,上述年画名称的错误也可以避免。笔者以为,田野作业之前的文献搜集非常重要,举例来讲,在去开封市和朱仙镇做木版年画的田野作业前,

---

[1] 王小明:《朱仙镇年画 郭泰运 尹国全》,天津大学出版社,2010,第19页。
[2] 指当地一位著名年画研究者,此处为化名。
[3] "比方话"即"打比方"。

需要做大量的文献准备工作:从前人研究成果或相关资料中,了解开封朱仙镇木版年画的历史发展、题材体裁、制作工艺等重要内容。朱仙镇当地的年画研究者曾将朱仙镇木版年画中的故事整理成册并出版销售,其中便有《风筝误》这一年画故事的介绍。对这些年画故事的阅读,是研究开封朱仙镇木版年画的重要前提。

五、其他文字错误

该书中的其他文字错误有:"领作"写成"领做"①,"张文礼"写成"赵文礼"②,"张文礼"写成"张文义"③,"刀货"写成"倒货"④,"破颜色"写成"泼颜色"⑤,"百张记儿"写成"百张巾"⑥,"不知道珍惜"写成"不知道整齐"⑦,"柴王推车"写成"财王推车"⑧,等,在此我们就不一一列举。以上这些错误莫非都是排版印刷上的误操作?很明显,作者听出了不同的发音"赵文礼"和"张文义"都是刻版师傅的名字,是不是有两个或多个刻版师傅呢?显然这样的疑问似乎没有在作者头脑中出现。这就提醒笔者,在以后的田野作业中必须耐心地听被访谈人的讲述,同时要能够与之前的话语相联系并快速地在脑海中形成新的问题或疑问,这就要求我们具备敏捷的思维能力。另外,郭泰运到开封市博物馆年画室之后新收徒弟的名字在《朱仙镇年画 郭泰运 尹国全》也被误写⑨,按照严格的田野作业要求,访谈人必须记录被访谈者的姓名、年龄、性别、文化程度以及访谈时间和地点等基本情况,如果做到了这些,发生类似错误的概率便会大大减小。

六、插图错误

除了上面简单列举出来的文字上的错误以外,书中的插图和图表也存在一些问题。譬如,在记述郭泰运口述史的那部分文字中竟然有不少木版年画作品的插图不是出自郭泰运之手,甚至不是开封市博物馆的作品。这就给笔者带来一个疑问,按道理说,在书写郭泰运的文字中间插入的木版年画插图应该是与郭泰运有关的作品,这里插入其他人的作品,并且未作任何文字性的说明,那么本书作者究竟是想表达什么?例如,在书写郭泰运口述史中的"晾马子"一段时,竟然插入了一张其他木版年画艺人晾马子的图片,笔者不知道这又该作何解释。本来风马牛不相及的内容在作者的笔下达到了"浑然一体"的和谐状态!

---

① 王小明:《朱仙镇年画 郭泰运 尹国全》,天津大学出版社,2011,第18页。
② 王小明:《朱仙镇年画 郭泰运 尹国全》,天津大学出版社,2011,第18、19、78页。
③ 王小明:《朱仙镇年画 郭泰运 尹国全》,天津大学出版社,2011,第55页。
④ 王小明:《朱仙镇年画 郭泰运 尹国全》,天津大学出版社,2011,第24页,
⑤ 王小明:《朱仙镇年画 郭泰运 尹国全》,天津大学出版社,2011,第148页。
⑥ 王小明:《朱仙镇年画 郭泰运 尹国全》,天津大学出版社,2011,第58、59页。
⑦ 王小明:《朱仙镇年画 郭泰运 尹国全》,天津大学出版社,2011,第73页。
⑧ 王小明:《朱仙镇年画 郭泰运 尹国全》,天津大学出版社,2011,第77页。
⑨ 王小明:《朱仙镇年画 郭泰运 尹国全》,天津大学出版社,2011,第44、75、77页。

在后续的论文中,作者这样谈道:"通过非物质文化遗产传承人自述或问答式访谈等方式,由访谈者以录音、笔记、摄影等手段,把当今健在的中国非物质文化遗产传承人对文化遗产的回顾、心得体会,有计划、有目地记载和保存下来,可以建立一定规模的口述档案或口述史料库,以供当代其他学者和未来的学者从事研究之用。"①具有这种情怀的学者非常值得称赞,能够将这种情怀化为实际行动更是难能可贵。关于田野作业之后的写作,作者认为:"录音资料的整理。在访谈阶段结束后,访谈者要对录音资料进行筛选和整理,记录时应尽量忠实录音原貌,包括对话中的语气词、叹词、重复性话语等都要完整地记录。口述的基础材料也是原初史料。最后由访谈成员与项目组成员对形成的原始文稿讨论与定稿。"②"文中插图的运用。按照定稿的需要制定(订)图片拍摄计划;对由专业摄影师收集的图片作说明,并穿插在文中适当位置;注意图片的内容与文稿相配,图片的数量和质量要有统一规范的要求。"③笔者对这些观点没有任何异议,但是在实际操作的过程中往往便会出现一些人力所不能完全控制的问题,这些问题如何解决值得深思。

七、余　　论

如何避免类似错误的发生?笔者以为,首先要有认真负责的态度,在观察和访谈之初甚至之前就应该牢牢把这种信念扎根在心底;其次是在访谈过程中充分地与被访谈人交流和对话,努力建立融洽的关系,这样才有可能了解到更加真实的内容,也才有可能在有疑问时及时得到被访谈人的帮助;再次是要有足够长的时间来做田野作业,短时间内的观察和访谈写不出优秀的口述史;最后是在写作好初稿之后一定要拿给被访谈人或者是其他相关人员审阅,这样就可以及时修改一些错误。之所以特别强调要避免更多错误的出现,是因为我们记录的是中国传统手工技艺传承人的口述史,也许在多年之后,这些传承人和手工艺物品甚至是技艺不复存在,那时留给后人的只剩下我们书写的口述史等资料了,如果我们的书写不够严谨,甚至错误百出,那么后人得到的信息准确率可想而知。

上文已经声明,此文"对事不对人",指出错误不是目的,真诚和方家讨论"非遗"传承人口述史的书写才是笔者的愿望。在这里,著名民俗学者刘铁梁"感受生活的民俗学"④的主张以及他关于"身体记忆"⑤的理念特别值得我们借鉴。口述史不仅仅是用声音来记录,身体的记录才是关键,因此,包括听觉在内的身体的所有感官都应该被很好地调动起来,这是一个身体官能共同参与的过程和结果。因此说,关于传承人口述史的写作,不可

---

① 王小明:《口述史给非物质文化遗产研究提供的新视角》,《西北民族研究》2012年第3期,第104页。
② 王小明:《口述史给非物质文化遗产研究提供的新视角》,《西北民族研究》2012年第3期,第102页。
③ 王小明:《口述史给非物质文化遗产研究提供的新视角》,《西北民族研究》2012年第3期,第102页。
④ 刘铁梁:《感受生活的民俗学》,《民俗研究》2011年第2期。
⑤ 刘铁梁教授在平时的授课和闲谈中指出,口述史其实就是身体记忆,化到了身体里的才称得上是记忆。可见,他对口述史写作中身体记忆角度的重视程度非同一般。

只把目光盯在传承人与制作技艺这些方面,而应该全面地整体地呈现传承人的生活以及他或她对生活的感受与理解等,生活中的传承人与传承人的生活以及其中的"地方性知识"才是关注的重点。以笔者做开封朱仙镇木版年画国家级代表性传承人郭泰运的口述史为例,就避免了孤立地谈木版年画,尽管木版年画本身就有很多值得探讨和写作的层面,例如木版年画的起源、兴衰、现状,木版年画的制作、销售、张贴,木版年画的题材、体裁,木版年画的色彩、线条以及年画与"非遗"的关系等,关于木版年画有很多值得研究和书写之处。除了上面所说的宏观原则之外,在具体的写作操作层面上还需要坚持"实事求是"的原则,知之为知之不知为不知,一方面要尽可能地搜寻事实的真相,另一方面更要如实地承认自己还不甚了解之处。不知道某些事实绝对不是什么丢人的事情,如果非要硬着脸皮"编"出一些所谓的"事实"出来,那就要做好承担后果的准备。在开封市和朱仙镇做田野作业时,笔者听到民众对目前学术界存在的不良行为有这样的评价:"学术垃圾""学术的罪人""一本口述史,半锅地沟油"等。当听到这刺耳的语词时,笔者的内心是痛苦的,可是痛苦之余又能做些什么呢?也许只有认认真真地做好田野作业,努力搞清楚事实,踏踏实实地写好相关文章,才最为重要。笔者在此把民众对学者最不中听的评价记录下来,并指出这本《朱仙镇年画 郭泰运 尹国全》中的一些错误,其实是希望引起广大学术同仁的深刻反思。

通过审视《朱仙镇年画 郭泰运 尹国全》,笔者认为:首先口述史的写作要秉持实事求是的原则,必须尊重口述者的原意,绝对不可胡编乱造。其次要对被访谈人的生活进行全面、完整的研究,不能孤立地关注制作技艺这一个方面。再次要尊重被访谈人以及其他人,因为民俗学不在乎各种花样翻新的方法,而在乎民众实实在在的现实生活以及他们的理解与感受;民俗学不是只让少数人说话的学科,因而要努力给每一个人创造发言的机会;民俗学要尽力使人与人之间本来就应该存在的平等相遇和对话的关系呈现出来。

这里涉及学术伦理道德的问题,在民俗学和人类学界,学术伦理道德早就引起了学人的重视和讨论。联合国教科文组织、世界知识产权组织、国际民间叙事研究会、美国民俗学会、芬兰民俗学等都对民俗学研究的学术伦理问题作了相关规定,以保护被访谈人的权利和利益等。例如美国民俗学会的规定要求研究者对公众负责(Responsibility to the public),对学科负责(Responsibility to the discipline),当然其中还包括民俗学者应该对被访谈人负责,对参与研究的学生负责以及对资助者负责等[1],但是,在这里笔者重点讨论的是前两个方面:对公众和学科负责。作为一个有责任感的学者,在写作之前就必须考虑自己的研究成果可能会对读者和公众产生哪些影响,并且需要保证出版物及其中传播信息的真实可靠性。我们知道,以往的民俗学受人类学的影响,对被访谈人的称呼,经常使用的是"informant"和"respondents/interviewees",这几个词语从认识论的角度给人以客观、本质的假象;"subjects"也是常用词之一,客观的背后似乎透露出些许蔑视;"citizens"虽能强调人的权利和义务,但是不能明确地表明其与学术研究的关系;"participants"最近比较常用,但是由于其使用范围太广,故不能较好地凸显民俗学的研究特色;

---

[1] A Statement of Ethics for the American Folklore Society(From the AFS News, February 1988, volume 17, no. 1).

"voices"也是最近很常用的词语①,而且相对来说,该词最能凸显民俗学的追求——尽量让每一个相关者都成为"主体"、研究者主体、被访谈人等,不同的人之间是一种主体间的平等关系,不存在谁是主体谁是客体的划分。民俗学者杨利慧在课堂上直接声明她更倾向于使用"研究者主体"和"被研究者主体"的称呼,笔者赞同这种观点,因为这不仅仅是称呼语的选择,而且还关乎民俗学最根本的追求——关注民众实实在在的现实生活以及他们的理解与感受。所以,民俗学者在进行口述史的田野作业、资料整理和后期写作时需要时刻牢记民俗学的要求:学会尊重被研究者主体(也包括其他研究者主体),学会用一颗充满爱的心去感受被研究者主体的生活,学会去理解他们的理解,学会用真诚的文字记录被研究者主体的生活、情感和观念等。在某种程度上,民俗学就是一种方法论,通过民俗,我们才能体会生活中的酸甜苦辣,才能聆听民俗文化最底层和最深层的声音。

笔者在田野作业过程中,不止一次地从部分访谈人那里得到一些"秘密",并且是"谁都别说"的"秘密"。既然是不能向外透露的"秘密"和消息,为何还要告诉笔者呢?我相信这些木版年画艺人应该没有什么特殊目的,多半是出于一种性格的本能吧!但当笔者等研究者主体面对诸如此类的"秘密"时,应该做何处理?是否能够肆无忌惮地将之公之于众,或者变相地公开出版呢?这一直是笔者在写作本文时不断思索的问题之一,学术伦理道德的无形规范时刻提醒笔者,但笔者又不忍心让这些好不容易得来的"宝贝"永远地成为秘密,于是"说还是不说"的纠结在笔者心头萦绕,笔者最终选择将真实姓名隐去的折中方式来处理,希望这种做法不会对相关主体的生活产生不良影响,也不会有碍开封朱仙镇木版年画的传承与发展。

The Thinking of Field Work Research in Folklore
——Based on the Industry Terminology of Woodblock New-Year Picture of Zhuxian Town in Kaifeng

Shao Huifang Guo Taiyun

Abstrct: The research on the Woodblock New-Year Picture of Zhuxian Town in Kaifeng is fruitful, involving its origin, development, artistic characteristics, making skills, the picture contents, the usual methods of using and selling, the declaration of intangible cultural heritage, the inheritage protection as well as mordern changes. However, there are undoubtedly arguments in its research of industry terminology. Compared with the firsthand data collected from the field work, generalize the corruption on our

---

① Ruth Finnegan. Oral Traditions and the Verbal Arts——A Guide to Research Practices. London and NewYork: Routledge, 1992, pp. 221—222.

predecessors' industry terminology, then lead to the thinking of field work in forklore research and emphasise the importance of academic ethics moral in researching forklore.

Key words: the Woodblock New-Year Picture of Zhuxian Town in Kaifeng; industry terminology; field work; academic ethics moral

专家访谈

国际一流学术平台与"黄河文明"特色学科群建设访谈

闵祥鹏

编者按：

国际一流学术平台是引领学术发展的最前沿，也是探索交叉研究、学术争鸣、学术反思以及学术创新路径的主要基地。黄河文明是中华民族集体记忆的核心与主体，也是整个中华民族凝聚力与向心力的根基。突出黄河文明研究的中国风格与世界影响，为黄河文明特色学科群构建国际一流学术平台，对于增强中华文明的海外传播与认同，深入与世界各文明间的沟通，提升民族文明认同与文化自信具有重要的理论价值与现实意义。当前我校正处于"双一流"建设的重要时期，黄河文明学科也已经成为省特色学科重点建设学科。因此，特邀请河南大学张宝明教授就如何构建黄河文明特色学科，推动黄河文明研究等问题进行了对话。

话题一：在黄河文明研究中，如何建立具有中国风格的本土性学科体系？黄河文明的长期延续性、民族与文明的融合性、儒学的文化认同、农耕社会与王权礼法等特征，是否可以成为构建黄河文明本土性学科与话语体系的核心？

张宝明教授：黄河文明具有长期的延续性、融合性，事关中华民族的文化认同，所以在黄河文明研究中，如何建立具有中国风格的本土性学科体系，这是一个非常重要的问题。首先作为黄河学或黄河文明特色学科，从问题意识的角度，它本身就是本土化命题，源自本土话语权下的中国问题，代表着中国风格，所以黄河学是从本土意识与本土问题出发的一个学科。它不仅具有悠久的历史性，也有传承的现代性、当代性，它是历时性和共时性架构下的学科。其共时性，即我们所处时代的特点，它的共时性是现代学术体系、学科体系建立的基础。黄河文明与希腊文明、罗马文明等其他西方文明存在明显差异，所以我们可以参照西方文明研究中的理论架构，但更应从本土文化与实际出发，建立中国风格的学术流派，形成自己的话语体系。

不可否认，黄河文明的长期延续性、民族与文明的融合性、农耕社会与王权礼法等特征,都是黄河文明的研究要素。但这一架构的基础应是文化认同,即黄河文明首先是建立在五千年悠久文明认同基础之上,也正是在此基础上才会形成文化融合、民族融合,因此文化认同是中国风格或本土化学科体系构建的前提。

除了黄河文明,中国还有其他文明,诸如长江文明、辽河文明等。但华夏文明的起源、发展与演变,主要以黄河流域为基点,并不断融合和扩大。像许倬云的《我者与他者》《说中国》,或是许宏等学者的论著中,都提到中国是一个点,其外延、规模、内涵在不断扩大。但无论外延和内涵怎样变化,它的立足点、圆心始终还在黄河流域,这也使黄河文明的内在属性与外在表征具有相对稳定性,这种相对稳定性带来了文明的长期延续性,形成了沿黄人群独特的民族性。农耕社会、礼法体系等,都是黄河文明发源或形成时最核心、最关键的元素。如果抛开这些基本元素去另外构建学科体系,显然是不能成立的。它的内在机制源于中国传统的内核与元素,它的底色决定了黄河文明与蓝色文明的差异。黄河文明本土学科体系就是寻找黄河文明的基本元素与特殊元素,同时兼顾其普世性。从本土情怀出发,以博大的胸怀,追溯文明,回归历史,关照现实,寻找民族的文化根基与文明命脉。

以文化认同为前提,站在哲学的高度,回答三个根本命题:我是谁?我从哪里来?我到哪里去?中国占世界人口的六分之一,对人类文明与发展产生过重大影响与贡献,所以解答这三个根本命题也是为炎黄子孙找到繁衍生息的生存依据、理论依据与文化依据。由此而言,解答黄河文明之问,构架中国风格、本土化学术体系,是黄河文明研究的价值所在,更是我们民族自信、文化自信的不拔之柱与深根本固的理论基石。

话题二:确立中国风格的学科体系是黄河文明特色学科构建的重点,但在"双一流"建设与国际化的潮流下,文明比较与全球视域也是文明研究不可或缺的方面。通过文明互鉴,既彰显黄河文明的独特之处,又体现出文明演进中的普遍规律。因此,是否可以通过这种方式实现本土研究特色与世界性学术影响的统一?

张宝明教授:本土研究特色性与世界性学术影响的统一性,两者是相互依存、相辅相成、缺一不可的。前面我讲到黄河文明研究应立足于本土问题,研究本土问题的学科都有一个立足点或出发点,还有一个归宿点。我们的立足点是这块繁衍生息的土地,我们的出发点是"从哪里来",归宿点是"到哪里去",这是面向全人类的人文关怀。由以上根本命题出发的黄河文明研究,是为世界六分之一人口寻找繁衍生息的文化依据,建立起民族自信与文化自信,所以从这个意义上讲,黄河文明研究是对占世界人口比例最多民族的一种人文关怀,这种人文关怀就是世界性的。

同时,黄河文明也是世界文明的重要组成部分,我们虽然从本土问题立足、出发,但归宿点却是探讨整个人类文明的发展演变。研究本土问题,并非拘泥于黄河流域,而是要站在世界文明发展的广阔视野中,探究文明演进的普遍规律:从特殊性中寻找普遍性,同时在普遍性中关注特殊性。从多元文明的参考体系中,发现文化体系的核心问题、文化基因中的关键要素、不同文明的差异与特色,认清黄河文明在世界文明中的位置,实现民族自信与文化自信的同时,为世界文明发展做出我们应有的贡献。

构建中国风格的黄河学特色学科,要提倡文化的相对多元性、包容性。黄河文明只是世界文明大花园中的一朵,只有各种文化竞相开放、共存发展才能满园春色,而不是一枝独秀。黄河文明不是一种文化帝国主义,它与其他文明之间,不能互相取代、互相排斥。我们是在承认世界文明多样性的基础上,尊重每个民族的文化、每个国家的文化。世界是多元的,那么对世界的认知也应是多样的。在人类认识世界的过程中,每种文明都形成了独特的认知体系,也都形成了审视世界、观察世界的独特视角。所以,人类应从多个视角、观察点出发,立足于不同的观察点,多方位看待世界,才会更完整、真实、理性。黄河文明或者黄河文化是中华民族与自然相处过程中,形成的审视世界的独特视角,它是独一无二、不可取代的,也是中华民族繁衍生息的思想之本与文化之源,这就是黄河文明或黄河文化的特色与意义。

黄河文明特色学科还是我校"双一流"建设的重点工程。首先我解答两个基本问题。在"双一流"建设过程中为什么要把一流学科和一流大学相提并论呢？原因就在于学科、学者、学生三位一体是架构一流大学的基础。大学需要学科来支撑,学科参与大学建设,一流学科支撑一流大学,一流学科需要一流学者,一流学者在一流大学培养出优秀学生,形成学科、学生、学校同步发展,良性循环。在这种架构下,我们必须把学科建设作为重中之重。那么要建设什么样的学科呢？世界一流高校和一流学科的模式也不是千篇一律,也都有自己的特点。我校第十次党代会提出了"国家一流、区域引领、中原风格"的学校发展思路,这十二个字也是对学科建设发展的要求。以此为基础,我觉得特色学科必须具备特色鲜明、独树一帜、人无我有或人有我优的特点。

黄河文明特色学科就具备以上特征,黄河文明是中华文明的母系与根脉,我校地处中原,在该研究上有着悠久的学术传承与研究积淀。我们有教育部人文社科基地黄河文明与可持续发展研究中心,有黄河文明传承河南省协同创新中心,这一系列平台为黄河文明特色学科建设夯筑起坚实的平台。在建设"双一流"的过程中,黄河文明特色学科建设要抓住平台,为河南大学的"双一流"建设做出基础支撑,利用平台托举"双一流"建设。

黄河文明特色学科建设又符合国家的战略需求。我国当前正在推动实施"一带一路"、文化"走出去"等一系列国家战略。作为"一带一路"的起点、华夏文明的核心,黄河文明与"一带一路"沿线中亚、东南亚、西亚、欧洲不同文化圈的交流对话就显得至关重要。毕竟,在与世界其他文明交流对话中,本土话语是对话的基础。推动与世界多元文明的对话,让中华文明更好地走向世界,需要黄河文明特色学科的支撑。

当前我们应该以浓墨重彩把黄河文明的本土特色描画得更清晰、更鲜明。以世界眼光,将本土研究特色与全球视域结合,既能站在最前沿与其他文明展开对话、交流,获得共识,又能服务于国家战略的需求；既适应了教育部"双一流"建设的导向,还符合中原地区、河南省、河南大学的实际。所以说,当前建设黄河文明特色学科,可谓恰逢其会。

话题三：在人文学科研究中,长久的学术积淀有时会固化研究思路,旧有的研究方法也会束缚学术创新。那么黄河文明研究中,如何通过特色学科建设与学科平台的模式创新,实现前瞻性选题、创新性研究与一流学术成果产出？

张宝明教授：任何一个学科,都不是漫无边际的,它应该有自身的研究主体,黄河文明特色学科亦然。我现在最担心的反而是黄河文明特色学科研究范围过于宽泛、漫无边际,只要有中国特色的研究内容、中国话语的研究理念、中国本土的学术范式,就是黄河文明吗？当然不是。任何一个学科都有自己固化或相对固化的范式,不加拣择的学科是不存在的。

　　黄河文明特色学科建设的创新,一方面不能固化学术思路、研究视野,另一方面又不能无限度扩大研究范围。应该做到,既不束缚自己的内涵与眼光,又不无限扩大研究边界与范围。我们提倡边界,但不代表故步自封;我们提倡学科交叉,但并不主张拉郎配。在这个意义上,我们需要的是相关性延伸,避免研究主体的泛化。学科范围漫无边际的泛化,最终会导致研究特色与研究主体的丧失,所以,黄河文明一定要找到主干、主体。当然,关于黄河文明研究的主体仁者见仁,智者见智,但其底色,尤其是基本的质的规定性不能变。一方面拥有自己的学科边界,保持学科的主体性,另一方面又要拥有世界眼光、保持学科的开放性。

　　这里的学科主体性我认为应包含两层含义:一方面是坚守文化自信,正确认识文明之间存在的不可通约性。前面谈到世界文明是相对多元的,相对多元性使得文明之间不可能完全重合、相互克隆,所以每种文明都会强调不可通约性。什么是通约性呢?例如体育等比赛需要裁判和中介,需要规则与判罚标准,这就是可通约的。但文化比较与交流互鉴,就很难采取一致的判罚标准,我们不能简单地说西方文明就高于东方文明,或东方文明高于西方文明,这是文明的固有属性——不可通约性。不可通约性告诉我们,在文化互鉴和比较上很难找到合适的方式比较彼此的优劣。在这种情况下,我们就要坚持文明的自我主体性。与其他文明对话中,应坚持文化自信和民族自信,这一点是研究创新的基座。

　　另一方面又不能止于此,需要在其中寻找多元文明中的共识。任何一种文明,它的出发点都是从本土出发,存在民族性、区域性,但它的归宿点却是面向整个人类的,所以,文明研究中寻找前瞻选题和创新性方法,要尽量寻找通约性。这里的通约是指人类的共识。马克思曾说过:"在科学的道路上没有平坦的大道,只有不畏艰险沿着陡峭山路向上攀登的人,才有希望达到光辉的顶点。"这个光辉的顶点可视为我们人类都要登上的文明顶峰。在前往顶峰的过程中,黄河文明与其他文明的路径不同,但追求的最终目标却是相同,这就是通约,这就是共识。找到通约性的原则是发现普世、共识的问题,例如和平、环保、关爱等关乎人类未来与命运的主题。再如社会主义核心价值观,它既有自己的文化底色和特色,也有和谐、自由、平等、公正、法制等其他文明共识、通约的内容。这些是人类最高贵的尊严,闪耀着人类的智慧,传递自由和谐、平等友爱的人类精神,是人类的共同点,也是全人类共同的追求。所以我觉得构建黄河文明特色学科虽然是沿着中国特色路径,但在面对人类的共同问题,走向人类终极关怀的过程时,它必将也能够找到和世界对话的通约性,最终取得与其他文明的共话、共识和共执。

　　总之,黄河文明发展到今天仍然传承延续,依然有着旺盛的生命力,说明它有存在的价值,还在为生生不息的人类做着应有的贡献。推动黄河学特色学科的构建与发展,可以让我们以高远的境界和世界眼光去达到人类文明顶峰,实现多元文明之间的平等对话。

　　从黄河文明特色学科的基本问题出发,张宝明教授阐述了学科的基本特征与构建原则,突出强调了文化认同是中国风格或本土化学科体系构建的前提。以文化认同为基础,从本土情怀出发,他认为黄河文明特色学科还应秉承回归历史、关注现实、映照未来的理念,解答三个根本命题:我是谁?我从哪里来?我到哪里去?为中华民族追寻繁衍生息的生存依据、理论依据与文化依据,这是黄河文明研究的价值所在,更是我们民族自信、文化自信的理论基石。黄河文明特色学科构建还应站在世界文明发展的广阔视野中,探究文明演进的普遍规律。从多元文明视域中,发现文化体系的核心问题、文化基因的关键要素、不同文明的差异与特色,认清黄河文明在世界文明中的位置,将本土研究与全球视域结合,站在世界文明的最前沿与其他文明展开对话、交流,在实现民族自信与文化自信的同时,以高远的境界和世界眼光去攀登人类文明顶峰,实现多元文明间的平等对话,为世界文明发展做出我们应有的贡献。